地中海健康饮食

【意】依莱诺拉 · 格拉索(Eleonora Galasso) 著
【法】格雷戈里 · 卡尔特(Gregoire Kalt) 摄影
张紫怡 张梦冬 译

電子工業出版社
Publishing House of Electronics Industry
北京·BEIJING

SR2373

目录

蔬菜

海鲜

家禽&红肉

甜点

地中海饮食

在过去的2000多年中，位于地中海盆地（也称地中海地区）的十多个国家，当地的人们只使用了少量的食材，就烹制出数个世纪以来代代相传的健康菜肴。这种有延年益寿之功效，尽享各季各色新鲜食材的饮食结构，被称为“地中海饮食”。它不仅是一种饮食结构，还是一种生活方式。它的食材主要包括新鲜水果和干果、蔬菜、谷物、面食、米饭、橄榄油，加上适量的奶酪、葡萄酒、酸奶、坚果、鱼、蛋、家禽和豆类，以及少量白肉。这些食物能促进脂肪平衡，降低患心血管疾病的风险，从而改善人体健康状况。大部分地中海饮食的烹饪方法基于“有什么做什么”的变通艺术，方法非常简单。

一切是如何开始的

1958年，生理学家安塞尔·凯斯对地中海地区人口的长寿和健康状况很感兴趣，并进行了一项现已被联合国教科文组织评定为人类非物质文化遗产的研究——地中海饮食。这种饮食结构的理念便是，尽情去品尝大自然最美妙的产物，它与隐藏在我们每个人心中的（在任何时候都有的）想去冰箱里找点东西吃的冲动形成了完美和谐。

此种饮食结构的核心概念为：如果我们将地中海饮食中富含的铁元素添加到我们的免疫系统中，它可令脂肪摄入得到缓慢释放，从而延长寿命。

美食与生活的非物质文化遗产在盘中代代相传

我的曾祖母诺娜·依雅曾对我说：“烹饪方法类似于生活方式。”我记得在我很小的时候，在厨房看着她将千层面片叠放在一起，一片铺在另一片上，中间添加一层厚厚的酱汁。当她发现奶油调味酱太少时，她只是简单地说：“别担心，亲爱的，就让这道菜为它自己代言吧，一切问题都可以在厨房里迎刃而解。”

曾祖母无法得知她对烹饪的爱和心思给予了我多少启发，促使我在几十年后也去寻找其他类似的女性，开明兼传统的守卫者。我生命中的任务之一就是记录和收集有价值的食谱，并确保它们不会被遗忘。我记录了自己在旅行、节日和市场中见到的食谱，并意识到这些食谱看起来就如同代代相传的童话故事一样，每一道食谱都体现了人物、时间与空间的独特融合。

曾祖母告诉我的另一件事是：烹饪之魔法不在于技术，而在于爱心、耐心和投入之心。我对所有的祖母、当地主厨以及他们所珍视的食材感到着迷和感激。同一道菜的不同版本从表面上看都是相似的，但却总是不同。食谱不是刻在石头上的，它们仍继续变化着，也由此保持着生命力。请记得随意为这些烹饪方法添加上自己的经验和创新，以使它们的故事继续延续下去。

地中海饮食基础

观察一下右侧图示的饮食金字塔，不妨将其中的饮食原则应用到你的日常烹饪和饮食中。穿过地中海版图，画一条想象中的线，这种吃法几千年来在平行世界[1]一直被很多人无意识地跟随着。每个部分均相互连接，让你每天从早到晚感觉棒极了。你不需要对自己的生活来场大革命，因为这是一种让自己更长寿、更健康的方法。与这个饮食金字塔中的不同部分一起玩耍、旅行，探索它、跟随它，如果你能坚持下去，就请跟我走。

在饮食金字塔的底部，即塔基，其重点是户外活动和社交联系。

往上走，你会看到每天都需获取并享有的基本食物：谷物、鲜果、干果、蔬菜、豆类、香草、香料、坚果和健康脂肪（如油橄榄）。

通常每周至少食用两次鱼和海鲜。乳制品，特别是酸奶和奶酪等发酵乳制品可经常适量食用。鸡蛋和家禽偶尔也可构成地中海饮食的一部分，但很少吃红肉和甜食。水和酒（给想喝的人）是典型的饮品。

现在，想象你在家里。当清新的晚风和暮色的暗影宣布一天结束时，胃口已经开始想念放在室外或厨房里安静地等待你享用的佳肴了。当朋友们聚在一起热闹地分享笑话和美酒时，所有的担忧都会被抛至第二天。即使菜品搭配得不好也没关系——重要的是在最后一刻再次迎来一个朋友共进晚餐。家中总有鲜花与香气萦绕，当夜幕降临时，烛光在微风中轻摆。对我来说，这就是家。

另外，还有一种自由发挥、即兴创作的元素。地中海饮食金字塔的基础便是大力提倡人们身体力行地积极与他人一起享用美食。我家大门常敞开：一个刚从国外带着异域香料和美食故事，旅行回来的朋友，一位捧着自己做的黄杏甜挞来做客的年长邻居，一个温柔与你分享她的私房食谱的阿姨……那是如家人般的温馨氛围。

我喜欢人们从繁忙的厨房里端出他们刚刚烹饪好的菜肴，彼此交换着故事，分享着快乐。当每个人都参与其中时，气氛变得更加亲密而神圣。

对我来说，烹饪和分享食物是可以触摸到爱的最佳形式——可逃离现实生活，每刻都需倍加珍惜。

你将在本书的不同章节中找到突出采用这种“世界厨房”的烹饪法，这就是地中海饮食的内涵与传播方式：对一种清新、充满活力、易于上手的烹饪方式和美好生活的见证，以及感受分享的快乐。

注1：平行世界指与万有引力宇宙观相对立的另一种宇宙理论体系，即平行作用力宇宙。

尽量少吃
红肉、糖
一周中需吃
鸡、蛋、奶
酪、酸奶
一周至少吃两
次，且经常吃
鱼、海鲜
饮食基础
每日必需
水果、蔬菜、完
整的谷物、橄榄
油、豆类、油料
作物、种子、香
草、香料
每日
基础
积极与家人和朋友
分享美食
VIN

地中海饮食金字塔

地中海饮食基础：谷物、香草和干果

谷物、香草和干果，没有它们，地中海饮食就不会有其标识鲜明的色彩和爽口的香气。谷物是传统意大利面的绝佳替代品，香草为菜肴提供了准确的芳香味道，而干果既可用于沙拉，取代面粉，还可以单独吃来饱腹。

香草与香料

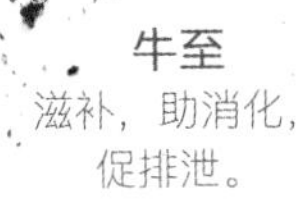

混合辣椒粉
辛辣味道源于辣椒素，具有刺激性，可增强抗菌能力，具有防腐、发汗、增强饱腹感的功效。

牛至
滋补，助消化，促排泄。

墨角兰（又名马郁草）
用于化解消化不良，有助于对抗痉挛。

小茴香
具有消炎作用。

红浆果
有助于治疗血液循环疾病。

普罗旺斯香草
精油含量高。

豆蔻
有助于治疗大多数消化系统疾病。

黑胡椒：有助于消化，防止抑郁症。

白胡椒：一味快乐的"盟友"，它刺激内啡肽的产生并清理呼吸道。

月桂叶
刺激消化，减少肠胃胀气。

红辣椒
含有维生素C和胡萝卜素。

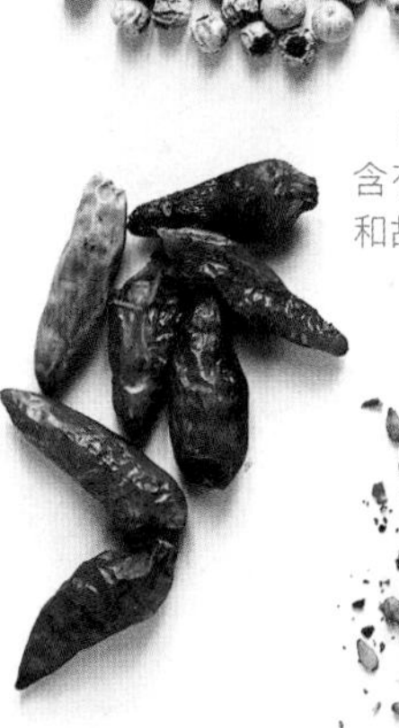

Zaatar（中东地区混合香料）
具有优良的防腐和抗感染性。

白芝麻
维生素E含量高，具有养血功效。

肉桂
对调节血糖有益，同时具有强大杀菌作用。

鹰嘴豆
植物蛋白的来源，与新鲜蔬菜完美搭配，生成氨基酸。

红藜麦
它与菠菜都是富含矿物盐的家族成员。

小麦
富含镁，可提高记忆力。

黑米
最富含抗氧化剂。

意大利卡纳罗利米（Canaroli）[3]
富含维生素B1、B3和B6。

注3：意大利烩饭的主要用米，品质上乘，高级西餐厅常选用。国内进口超市有售，可网购。

南瓜籽：富含锌，可以提高免疫力。
亚麻籽：富含促进新陈代谢的纤维素。
黄芝麻：有利尿通便功效。
葵花籽：富含蛋白质和维生素E。

小米
保持身材的好伙伴，可增加“优质胆固醇”。

谷物

斯佩尔特小麦（Spelt）[1]
简而言之，堪称燕麦中的鱼子酱。

注1：在欧洲被广泛种植，其脂肪酸和矿物质含量均高于其他作物，能增强人体自然抵抗力。

绿豆
不可思议的肉类替代品，含有蛋白质和矿物质。

豌豆
含有矿物盐和微量元素。

库斯库斯米（Couscous）[4]
有助于改善心脏病，有助于预防癌症。

布格麦（Bulgur）[2]
富含铁和镁。

大麦
有益心血管健康。

珊瑚色小扁豆
补充磷，强健骨骼。

注2：由硬质小麦碾磨去壳而得。在古代的北非和中东地区广泛种植。

注4：北非地区特有的传统粮食，常用于炖肉及炖菜。国内进口超市有售，可网购。

葡萄干
补充多酚，美丽肌肤。
核桃
有助于减轻压力、预防癌症。
椰子片
铁、锰、磷和铜的来源。
开心果
富含抗氧化剂和植物蛋白。
西梅
富含钙、磷和维生素。
杏仁
可补充镁、锰和铜。
榛子
富含微量元素和纤维素。
干果
松子
富含磷和铁。
杏干
富含钾。
山核桃
具有抗氧化和消炎作用。
腰果
有助于牙齿和牙龈健康。
椰枣
富含微量元素和植物蛋白。

小吃及开胃小食

炸西葫芦饼

将所有食材简单地混合在一起，然后稍微煎一下即可，做法极其简单！面糊中新切香草的清香搭配啤酒泡沫的轻盈，成就了一道完美的开胃小食。西葫芦的味道将通过柠檬皮碎、薄荷碎而得到完美地提升。

准备时间：25分钟

烹饪时间：20分钟

适合6人食用

- 3个西葫芦，各切成1厘米厚的碎块
- 4汤匙啤酒
- 80克面粉
- 3个大个柴鸡蛋
- 50克磨碎的帕尔玛干酪（Parmesan）
- 1小把切碎的薄荷叶
- 1小把切碎的香菜
- 120毫升植物油
- 柠檬皮屑（1个柠檬）
- 海盐
- 黑胡椒粉

在碗中将西葫芦块与啤酒混合，将面粉倒入碗中。在另一个碗里，轻轻打散鸡蛋，放入帕尔玛干酪，薄荷碎和香菜碎各一半，加入少量海盐和黑胡椒粉，然后与西葫芦面糊混合。

锅中倒入植物油，文火加热3~4分钟。为测试油温，可将木汤匙手柄末端浸入热油中，如果木汤匙周围形成小气泡，则油温足够。用汤匙将炸物大致塑形成饼状，然后两面煎2~3次，每次3~4分钟。

用漏勺取出炸饼，放在铺有吸油纸的盘子上。撒上剩余的薄荷碎、香菜碎、柠檬皮屑和海盐。趁热吃更美味。

"triangolo d'oro" italiano nel cuore d'Europa

蘑菇奶酪酱

本地产的白蘑菇与酥脆的意大利面包棒的组合堪称奇迹。将此道具有奶油质感的酱料与面包棒一起食用，或涂抹在烤面包上，保证有梦幻般的口感。

准备时间：25分钟

烹饪时间：20分钟

适合4人食用

- 200克意大利面包棒或切片面包
- 300克白蘑菇
- 3汤匙特级初榨橄榄油
- 1瓣大蒜，去皮
- 3汤匙墨角兰（干末）
- 1大匙蔬菜肉汤（高汤）
- 50克意大利烟肉片或培根，切成细丝
- 4汤匙切碎的刺山柑[1]（罐头装）
- 4汤匙新鲜切碎的薄荷
- 30克新鲜山羊奶酪（Chèvre），切碎

将白蘑菇洗净，擦干表面水分后切成薄片。

用不粘锅加热橄榄油。当气泡开始出现时加入大蒜瓣，直到变色后取出。在锅中加入蘑菇片和墨角兰，中火加热15分钟，然后倒入蔬菜肉汤（高汤）。

在不放油的小煎锅中，中火煎烟肉丝，边煎边搅拌10分钟，直至略微呈金色。

蘑菇汤中加入山羊奶酪，将蘑菇汤和山羊奶酪搅拌，直至质地顺滑。最后，加入刺山柑碎和薄荷碎，再撒上酥脆的烟肉丝。与面包棒一起作为开胃小食，冷热享用均可。

注1：刺山柑（câpres），俗称水瓜柳，烹饪时选用罐头装的。进口超市有售，可网购。

十字军面包（Friselle）佐番茄罗勒酱

Friselle被称为十字军面包。在中世纪，骑士们乘船离家数月，他们通常将干燥的小面包浸水后食用（海上的传统）。如今，你可以将它们与法式海鲜汤或剩余的蔬菜完美搭配，还可佐以番茄、刺山柑和牛至。自制的十字军面包可以在室温下的棉布袋子中储存10天。你可以在早上和面，将面团在冰箱中冷藏8小时。

准备时间：30分钟
静置时间：3小时

烹饪时间：1小时40分钟

制作10个十字军面包所需

- 300克粗小麦粉
- 300克大麦粉
- 350毫升水
- 1小包面包酵母+100毫升热水（用来稀释）
- 1汤匙盐

填料：

- 1公斤樱桃番茄
- 150毫升特级初榨橄榄油
- 100克泡在热水中脱盐后沥干的刺山柑（罐头装）
- 1大把新鲜罗勒
- 10撮盐

混合大麦粉和粗小麦粉，一点一点地加水，然后开始和面。加入稀释后的酵母，继续揉面，最后加入盐。将面团转移到台面或揉面机内，揉10分钟，然后将面团放入一个大碗中，盖上保鲜膜，在室温下放置2小时。

将面团分成5份，每份面团都揉成香肠状，再接合成圆环状，将两端按压在一起。将面包放在覆有烘焙纸的烤盘上，发酵1小时。

将烤箱预热至220℃，然后放入面团烘烤20分钟，烤好后让面团在烤盘上冷却。再将烤箱温度降至170℃。取出烤盘，将面团水平切成两半，放回烤箱内继续烤40分钟。随后将烤箱温度降至160℃，再烤40分钟。用这种方式，面团的内部也可以烤得很干。最后从烤箱中取出并冷却。

如何品尝?

将面包在一碗水中浸泡几秒钟，使之软化，以保证不会破碎。在面包表面放上樱桃番茄块（要在面包上切番茄，因为要让番茄汁浸入面包中），再倒上橄榄油，撒上盐、刺山柑、罗勒叶。马上品尝!

HANDMADE
IN SHEFFIELD

甜椒馅饼

我喜欢这个主题的所有变化或搭配，这是烹饪中最让我感到愉快的事。经典款馅饼配上甜椒味道非常好。真正的享受！

准备时间：20分钟

烹饪时间：45分钟

适合4人食用

- 酥皮面团[1]
- 3个彩椒：红、黄、绿各1个
- 2个切碎的红洋葱
- 1小把新鲜百里香
- 60克希腊橄榄（罐头装）
- 30克黄油
- 20克红糖
- 1汤匙特级初榨橄榄油
- 1个蛋黄
- 适量豆苗
- 50毫升牛奶
- 盐
- 黑胡椒粉

将烤箱预热至200℃。放入彩椒烤30分钟。烤好后去皮，去掉花梗，去籽和白筋，切成两半，再切成长条。

将红洋葱放入平底锅中，加入10克黄油和少许橄榄油炒至变色。撒上盐和黑胡椒粉，再炒15分钟。

将剩下的黄油涂在挞派模具内，撒上红糖。将模具用文火加热，让红糖稍微焦化，再将模具从火上移走。将彩椒一条条摆放在模具里，交替颜色摆放，覆盖上红洋葱碎和百里香，加入沥干水分的橄榄。

将酥皮面饼切成略大于模具的圆饼，然后覆盖在红洋葱上。将面饼的边缘折入模具内，用叉子在面饼上扎一些孔，放入烤箱烤20分钟，直至面饼呈金黄色。烤好后在室温下静置几分钟，然后翻过来扣在盘子上，撒上豆苗。可作为开胃小食，或搭配沙拉享用，是野餐时的绝佳美味。

注1：需提前制作好，也可购买现成的。

尼斯洋葱挞（Pissaladière）

普罗旺斯菜肴总是伴随着香草的清新味道，给人以惊喜。这道小食很容易在法国南部的面包店里发现，它在其发源地尼斯的古老方言中有一个专用词：pissalat，意为用大蒜、百里香和月桂叶处理后而得到的调味凤尾鱼。

准备时间：40分钟

烹饪时间：1小时

适合8人食用

- 2块酥皮面团

填料：

- 1公斤黄洋葱，切碎
- 400克新鲜沙丁鱼，洗净，清空内脏
- 35颗黑橄榄（罐头装）
- 25克刺山柑（罐头装）
- 4汤匙特级初榨橄榄油
- 50克白砂糖
- 黄油
- 1小把新鲜百里香，切碎
- 2片月桂叶，切碎
- 2瓣大蒜
- 2粒丁香[1]
- 黑胡椒粉

在不粘锅中加热橄榄油，加入洋葱碎和用叉子压碎的大蒜，用百里香、丁香、月桂叶、白砂糖和黑胡椒粉调味。盖上锅盖，小火加热30分钟，直到洋葱变透明（不着色，必要时加入几汤匙热水）。

切碎沥干水分的刺山柑和50克沙丁鱼，与煮好的洋葱碎混合，晾凉。

将烤箱预热至220℃。在挞派模具内涂抹黄油。将面饼放入模具，覆盖底部和两侧。将混合洋葱碎均匀地涂抹在面团上，上方留下2厘米的边缘。用剩余的沙丁鱼装饰尼斯洋葱挞：将沙丁鱼码放成网格状，将黑橄榄排列在网格之间的空隙中。将挞放入烤箱中烤25分钟，直到挞的边缘变得酥脆且呈金黄色即可。

注1：原产于印度尼西亚的一种香草，含丁香油，用于烹饪、制茶等。

来自法国

蘑菇马卡龙

这是值得艺术家一试的障眼法，也是对巴洛克式建筑的创意呈现。
它看起来真像马卡龙！但其实它并不是一道甜点。

 **准备时间：20分钟**　　 **冷藏时间：30分钟**

适合6人食用

- 24个蘑菇
- 200克新鲜山羊奶酪（Chèvre）
- 1茶匙芥末酱
- 50克马斯卡彭奶酪（Mascarpone）
- 50克意大利乳清干酪（Ricotta）
- 3个番茄，切块
- 60克稀奶油
- 100克熟火腿，切丁
- 1茶匙栗树蜂蜜
- 50克石榴籽
- 1小把新鲜豆苗

制作馅料：将山羊奶酪、意大利乳清干酪、马斯卡彭奶酪、龙蒿、芥末酱、番茄、稀奶油、蜂蜜、火腿丁放入搅拌机中搅打，直到呈浓稠的奶油状。将馅料放入小碗中，覆盖上保鲜膜，放入冰箱冷藏30分钟。

用小刀将蘑菇伞盖上的薄膜剥去，去除茎部。

将馅料从冰箱中取出并快速搅拌。

装饰蘑菇伞盖：用馅料将蘑菇两两粘在一起，再撒上石榴籽和新鲜的豆苗，便是一道美味的开胃菜。

来自法国

烟熏鳟鱼苹果千层酥

鳟鱼是一种淡水鱼，非常有益健康，它富含Omega-3脂肪酸、蛋白质、钾、铁。别忘了！这道小食还可用金枪鱼和三文鱼制作。

 **准备时间：20分钟**

 **腌制时间：30分钟**

4块千层酥

- 2个青苹果，切成薄片
- 250克烟熏鳟鱼或烟熏三文鱼，切片
- 2个柠檬，挤汁
- 80克豆苗
- 1棵芹菜，切成薄丁
- 6汤匙特级初榨橄榄油
- 盐
- 黑胡椒粉

用3汤匙橄榄油、盐和柠檬汁将鱼肉腌制至少30分钟。

交替码放苹果片、芹菜丁与鳟鱼片，然后将豆苗撒在顶端，再淋上3汤匙橄榄油，撒上盐和黑胡椒粉调味。

ZAFFERANO
AVOLA
3,00

甜瓜马苏里拉奶酪火腿三明治

这三种食材组合来自古希腊的烹饪文化，那时的人们将两种对立的元素组合在一起，咸与甜，冷与热，湿和干，并用盐和香料为水果调味。火腿和甜瓜的组合便再现了这种古老的传统，结合了甜蜜、清爽、湿冷的水果和咸、热、干的火腿。无花果和火腿组合同样适用，另一种类似的组合是梨和奶酪。

准备时间：20分钟

制作4个三明治

- 1个甜瓜
- 2块各125克的马苏里拉奶酪（Mozzarella），各切成两半
- 4片生火腿（帕尔玛火腿或其他意式火腿）
- 1小把新鲜欧芹
- 6汤匙特级初榨橄榄油
- 4茶匙芥末酱
- 盐
- 黑胡椒粉

将甜瓜切成8片椭圆形薄片，每片都刷上1茶匙芥末酱。

组合三明治：在4片甜瓜上各放一片马苏里拉奶酪和一片火腿，再各盖上一片甜瓜。用橄榄油、盐和黑胡椒粉调味，最后用欧芹装饰。

布拉兹马介休鳕鱼

葡萄牙有许多关于鳕鱼的食谱。马介休鳕鱼（Bacalhau）是这个国家的国菜，被亲切地命名为“忠实的朋友”。据说，马介休鳕鱼至少有365种烹饪方法，可以烹饪一天一种不重样。其中最典型的就是这道布拉兹马介休鳕鱼，在当地餐厅的菜单上，它也被称为“Bacalhau O Senhor Braz”，以发明这道菜的里斯本Bairro Alto餐厅而命名。

准备时间：20分钟

烹饪时间：20分钟

适合2人食用

- 200克新鲜鳕鱼
- 300毫升全脂牛奶
- 250克土豆，去皮切成条
- 150克芦笋
- 2个白洋葱，切碎末
- 10颗黑橄榄（罐头装）
- 2个柴鸡蛋
- 2瓣大蒜，切末
- 1粒丁香
- 100克新鲜芒果，切丁
- 1小把新鲜欧芹，切碎
- 1小把新鲜莳萝
- 100毫升食用油
- 3汤匙特级初榨橄榄油
- 盐
- 黑胡椒粉

将鳕鱼在牛奶中浸泡1小时，沥干后切成大块。

将切好的土豆条放入装满冷水的碗中，以防止氧化变黑。平底锅中倒入食用油，小火煎大蒜末和洋葱碎，至少煎15分钟，直到它们变成糊状，但不变色（如果需要可加1汤匙热水）。

沥干土豆条，用厨房用纸擦干，将它们和芦笋放入加了橄榄油的锅中翻炒10分钟，然后用吸油纸沥干油脂，保温。

将鳕鱼块放入大蒜洋葱混合物中，加入丁香，放入锅中加热5分钟。碗中打散鸡蛋，加入盐和黑胡椒粉。将土豆条与芦笋倒入锅中，搅拌均匀，关火，之后倒入打好的鸡蛋液，用木勺搅拌，鸡蛋应保持奶油状。用黑橄榄、芒果丁做装饰，最后在鳕鱼表面撒适量欧芹和莳萝。

凤尾鱼红菊苣卷

红菊苣可促进骨骼代谢，平衡肠道菌群，抑制有害细菌在我们身体内的繁殖，有助于肠道健康。此外，红菊苣中存在的苦味物质可刺激胆汁的产生，促进消化，特别是脂肪的消化，保持肝脏健康。

准备时间：20分钟

12个红菊苣卷

- 1个红菊苣
- 半个红洋葱
- 6条油浸凤尾鱼，每条切成两半（罐头装）
- 1小棵香葱
- 200克马苏里拉水牛奶酪（Mozzarella bufflonne）或山羊奶酪（Chèvre）
- 3汤匙特级初榨橄榄油
- 2汤匙红酒醋
- 面包屑（1片面包）
- 黑胡椒粉

将红菊苣的叶子洗净并沥干水分。将奶酪切成条。

在每片红菊苣叶上放上1片奶酪，再放上半条凤尾鱼，然后用香葱包裹住菜卷并系紧。

将半个红洋葱切碎，在红酒醋中浸泡几分钟，然后与面包屑混合，淋上少许橄榄油，码放在盘中。在碗中混合1汤匙红酒醋和3汤匙橄榄油，调成油醋汁。将油醋汁倒在填好馅的红菊苣叶上，撒上黑胡椒粉，即可食用。

希腊菠菜派

此道经典的希腊乡村派，既可为节日的餐桌增光添彩，也可以作为小食邀朋友们外出野餐时享用。

准备时间：40分钟

烹饪时间：20分钟

适合8人食用

- 250克菲乐酥皮面饼（filo）[1]
- 1个小洋葱，切碎
- 1小把莳萝
- 500克新鲜菠菜
- 2个鸡蛋（其中1个用于上色）
- 200克菲塔羊奶酪（Feta）
- 2汤匙特级初榨橄榄油
- 100克白菜，切细条
- 1粒丁香
- 1茶匙姜末
- 黄油
- 黑胡椒粉

将烤箱预热至180℃。在煎锅中加热橄榄油，放入洋葱碎、白菜条、菠菜、丁香和姜末，盖上锅盖，中火加热5分钟。之后将蔬菜用力按压以挤掉多余的水分。将混合物切碎，与羊奶酪、1个鸡蛋、切碎的莳萝和黑胡椒粉混合搅拌，即为馅料。

取3片酥皮面饼，将每片面饼切成4块约10厘米宽的带状面皮。

将黄油在平底锅中融化，然后刷在每块面皮的表面。将1块面皮放在模具的底部，然后放上1汤匙馅料，将每条面皮彼此叠放在馅料上，然后从一边卷至另一边，轻轻按压以密封上馅料，然后把菠菜派放在铺有烘焙纸的烤盘上。重复做成8个菠菜派，将打散的蛋液刷在派皮上，放入烤箱烤20分钟直至呈金黄色。

注1：菲乐酥皮（filo），希腊饮食中非常具有代表性的一种酥皮。可在进口超市直接购买成品，在家制作时可用薄酥皮代替。

乳酪馅饼（Panzerottinis）

据说乳酪馅饼（Panzerottinis）诞生于16世纪意大利的巴里地区，此种馅饼连同番茄一起在意大利被广泛传播，那时的妇女们用每周剩下的面包制作Panzerottinis，它们就像是封上口的比萨饼，里面有番茄和奶酪块。当时，它是一道穷苦人吃的菜，是众多无法负担更多珍馐奢食的家庭的晚餐。刚刚烤好时，真的很难抵挡它的香气！

准备时间：15分钟
静置时间：1小时

烹饪时间：20分钟

制作20块乳酪馅饼

- 250克硬粒小麦粗面粉
- 250克法国T55面粉[1]
- 1小包面包酵母
- 300毫升全脂牛奶
- 1汤匙精盐
- 1汤匙蔗糖
- 6汤匙特级初榨橄榄油

馅料：

- 500毫升番茄酱
- 70克磨碎的帕尔玛干酪（Parmesan）
- 200克马苏里拉奶酪（Mozzarella），切成薄片
- 1/2茶匙盐
- 1/2茶匙黑胡椒粉
- 2汤匙特级初榨橄榄油

将烤箱预热至50℃。在小平底锅中加热牛奶、酵母、蔗糖和橄榄油至45℃（中火加热30秒），然后将这些食材放入一个大碗里，加入粗面粉、面粉和精盐，混和成面团。在台面上揉面团，直至面团紧致有弹性。将面团放入烤箱，静置发面约1小时。

准备馅料：将番茄酱与盐、黑胡椒粉、橄榄油、磨碎的帕尔玛干酪混合。

将面团取出，揉成20个圆面团。将每个面团捏成椭圆形，用饼干模具切割出边缘形状。在面团中心放入2汤匙馅料和1大汤匙马苏里拉奶酪，然后两边对折，用手指捏和起来，形成半月形馅饼。

将烤箱预热至180℃。将馅饼放在覆有烘焙纸的烤盘上，放入烤箱中烤20分钟。趁温热且酥脆的时候享用。

注1：法国T55面粉：灰分在0.50~0.60之间的小麦粉。可用中筋面粉代替。

西班牙土豆洋葱饼

据传，一位名叫托马斯·德·祖玛拉卡雷的将军发明了这道土豆洋葱饼。一道简单的菜肴，便捷而有营养，是西班牙卡洛斯军队解决战时严重食物短缺的理想选择。今天，这道西班牙美食中的基本款在该国几乎所有的酒吧和餐馆都有各自不同的版本。这里介绍的是最传统的做法。

准备时间：10分钟

烹饪时间：20分钟

适合6人食用

- 500克土豆，去皮，切成直径约1厘米的小块
- 200克白洋葱，切碎
- 7个鸡蛋（中等大小）
- 150毫升初榨橄榄油
- 1片月桂叶
- 1小把酸模叶[1]，切碎
- 1茶匙南瓜籽
- 1茶匙亚麻籽
- 1茶匙芝麻
- 1茶匙葵花籽
- 盐
- 黑胡椒粉

将烤箱预热至180℃。

在平底锅中倒入100毫升橄榄油，放入土豆块，文火煎2~3分钟，然后放入洋葱碎和月桂叶。盖上锅盖焖20分钟，偶尔搅拌。土豆和洋葱不要炒脆，而是要炒绵软。随后沥干多余油脂，放在铺了吸油纸的盘子上冷却。

将鸡蛋打散，用盐和黑胡椒粉调味，再放入炒好的土豆和洋葱。在铸铁锅中倒入少许橄榄油，然后将蛋液、土豆和洋葱的混合物放入翻炒，盖上锅盖加热10分钟。然后将锅放入烤箱继续烘烤10分钟，要始终盖着锅盖。烤好后将馅饼盛入盘中，撒上酸模叶、南瓜籽、亚麻籽、芝麻、葵花籽。热食或温食皆可，需在两天内吃完。

注1：酸模，别名野菠菜。常作为西餐料理调味用或制作沙拉。菜市场中常见的是红脉酸模叶。

菠菜丸子

兼具美味与健康——富含纤维素的蔬菜，搭配意大利乳清干酪的轻盈，便是一道无人能抗拒的佳肴！

 **准备时间：25分钟**

 **烹饪时间：25分钟**

25个菠菜丸子

- 250克菠菜
- 50克+100克面包屑（用其包裹丸子）
- 1小束欧芹
- 1/2茶匙肉豆蔻
- 250克意大利乳清干酪（Ricotta）
- 1瓣大蒜，去皮
- 50克磨碎的帕尔玛干酪（Parmesan）
- 1个鸡蛋
- 少许初榨橄榄油
- 盐
- 黑胡椒粉

将烤箱预热至200℃。

平底锅中倒入橄榄油，加热后爆香大蒜瓣，随后加入菠菜，大火翻炒5分钟，直到菠菜完全变软。取出大蒜，用漏勺沥干菠菜油脂，用抹刀轻轻按压它们以挤去油脂和水分。晾凉，切碎。

用勺子轻轻搅拌意大利乳清干酪，加入菠菜、肉豆蔻、欧芹和帕尔玛干酪，调味并搅拌。为了使丸子更紧实，加入面包屑。将混合好的食材团成25个丸子。

将鸡蛋打在深盘中，将100克面包屑倒入另一盘中。将丸子先包裹一层蛋液，再包裹一层面包屑，再将它们放在覆盖有烘焙纸的烤盘上，放入烤箱中烤20分钟。出炉后在丸子表面撒上切碎的欧芹，趁热吃。

乡村烤奶酪甜糕（Zagorski štrukli）

乡村烤奶酪甜糕（Zagorski štrukli）是一种传统的克罗地亚菜肴，在萨格勒布的西北地区非常受欢迎。它由面团和各种馅料制成。2007年，这道名菜被列入克罗地亚非物质文化遗产名录，其传统食谱由该国文化部保存。

准备时间：20分钟
静置时间：20分钟

烹制时间：20分钟

制作10个甜糕

制作面团：

- 250克面粉
- 1个鸡蛋
- 2汤匙食用油
- 1茶匙醋
- 30克融化黄油
- 1茶匙白砂糖
- 1茶匙盐

馅料：

- 250克新鲜奶酪
- 100克新鲜奶油
- 50克硬粒小麦粗面粉
- 1个鸡蛋
- 1撮盐
- 1撮白砂糖

将面粉、鸡蛋、食用油、醋、融化黄油、白砂糖、盐混合后揉成面团。将面团放入碗中，用纱布盖好，静置20分钟。

将烤箱预热至180℃。在撒了面粉的台面上，将面团擀成一个大的矩形。将奶酪、奶油、粗面粉、鸡蛋、盐、白砂糖混合搅拌，备制馅料。

将馅料放在面团上，四边留出几厘米，将食用油和融化黄油混合后刷在面团的边缘。将面团揉成香肠状，再用小盘子的边缘将面团切成数块。将面团放入烤箱中烤20分钟。温食或冷食皆可，2天内吃完。

茄子卷

茄子卷中主要用到的“Gravlax酱”是希腊传统美食中的一道酱料，
由盐、白砂糖和莳萝腌制而成。适合与蔬菜搭配食用。

准备时间：20分钟

烹饪时间：30分钟

适合4人食用

- 1个茄子，削薄片
- 200克白菜，切薄片
- 1个小洋葱，切碎
- 4汤匙特级初榨橄榄油
- 盐
- 黑胡椒粉

Gravlax酱制法：

- 2汤匙第戎芥末酱（Dijon mustard）[1]
- 2汤匙蜂蜜
- 2汤匙花生油
- 2汤匙白醋
- 1把新鲜莳萝
- 1撮红糖
- 1撮盐
- 1撮辣椒粉

将烤箱预热至200℃。将茄子薄片放在铺有烘焙纸的烤盘上，放入烤箱中烤10分钟。

准备馅料：在一个小平底锅里倒入橄榄油，油热后放入洋葱碎，翻炒5分钟至变色。另取锅煮白菜15分钟，加入盐和黑胡椒粉调味。

准备Gravlax酱：在搅拌机中加入所需食材，搅拌均匀。

将炒好的洋葱碎放在煮好的白菜上，然后一起放在涂满Gravlax酱（调味兼作装饰）的茄子薄片上，卷一下，以黏合茄子卷。将茄子卷放在盘子上，再用莳萝和剩余Gravlax酱作装饰。温食或冷食皆可。

注1：法式芥末酱的代名词，起源于法国第戎市，是法式烹饪的基础酱汁。

Doppio Gus
di manc
UNESCO
BLS
Gusto di
Sicili

沙拉

石榴沙拉

石榴是这道味道强劲的沙拉中无可争议的主角。糖蜜，即捣碎石榴籽后得到的浓稠的泥状物，用香醋调和后，与沙拉、肉类和鱼类搭配食用。

 **准备时间：5分钟**

 **烹饪时间：30分钟**

适合4人食用

沙拉：

- 1/2个石榴，取籽
- 1个柠檬，挤汁
- 1汤匙特级初榨橄榄油
- 2根黄瓜，去籽，切成小方块
- 2个大个番茄，去籽，切碎
- 1小把欧芹，切碎
- 1小把莳萝，切碎
- 1小把薄荷，切碎
- 1汤匙烤芝麻

糖蜜：

- 1/2个石榴，取籽
- 1/2个柠檬，挤汁
- 1茶匙白砂糖

准备糖蜜：将石榴籽放入榨汁机中榨汁。将汁液倒入小锅里，加入白砂糖和柠檬汁，小火煨30分钟。当锅中汁液变得黏稠且开始粘勺时，糖蜜就制作好了。

在制作糖蜜的同时，将制作沙拉的所有食材混合在一起。将糖蜜倒入食材中搅拌，让各种香气混合，彼此调味，即可食用。

糖蜜可以在干净的玻璃瓶中冷藏储存5天。

希腊鸡蛋沙拉

“鸡蛋大战”是希腊传统的复活节游戏，这种游戏被称为“tsougrisma”。规则很简单：每个玩家手上都拿着一个鸡蛋，双方设法打破对手的鸡蛋，鸡蛋碎了的一方为输。

准备时间：15分钟
静置时间：15分钟

烹饪时间：40分钟
冷藏时间：1小时

适合4人食用

- 8个鸡蛋（中等大小）
- 100克菲塔羊奶酪（Feta）
- 4条油浸凤尾鱼（罐头装）
- 10颗希腊黑橄榄（罐头装，去核）
- 1个红甜椒（中等大小）
- 6片罗勒叶
- 10克姜末
- 1汤匙特级初榨橄榄油
- 黑胡椒粉
- 1把鼠尾草[1]，切碎
- 50克红甜菜，切片
- 盐

将烤箱预热至200℃。将整个红甜椒放在烤盘上烤30分钟，偶尔转动，直到表皮变黑。将其放在塑料袋或盖有保鲜膜的碗中，静置15分钟。

将鸡蛋在沸水中煮10分钟，然后在冷水中浸泡几分钟。将鸡蛋取出后剥壳，切成两半，取出蛋黄。

将羊奶酪切成非常小的块。将红甜椒去皮，切成小块。将羊奶酪、红甜椒块和切碎的凤尾鱼混合在一起。将罗勒和切碎的黑橄榄加入到搅碎的蛋黄中，再浇上橄榄油调味。

将以上食材混合，作为馅料填充在蛋白内，然后码放在甜菜片上，放入冰箱冷藏至少1小时。

注1：原产于欧洲南部与地中海地区的一种香草，可用于烹饪，也有观赏性。

来自希腊

希腊沙拉

准备时间：5分钟

烹饪时间：10分钟

适合4人食用

- 200克菲塔羊奶酪（Feta），切丁
- 150克生菜
- 8颗黑橄榄（罐头装）
- 1个红洋葱
- 2根黄瓜，去皮，切小块
- 100克樱桃番茄，各切成四瓣
- 120克红藜麦
- 2茶匙干牛至（调料）
- 3汤匙特级初榨橄榄油
- 盐，黑胡椒粉

Tzatziki酱汁：

- 1/2根黄瓜，切块
- 200克全脂希腊酸奶
- 1汤匙特级初榨橄榄油
- 1汤匙柠檬汁
- 1小把莳萝，切碎
- 2瓣大蒜，切碎
- 盐

在沸腾的盐水里煮红藜麦，煮熟后捞出，沥干水分。

在大圆盘里撒上生菜叶，放入羊奶酪丁、黑橄榄、洋葱碎、一半黄瓜块、樱桃番茄和红藜麦。浇上橄榄油，撒上牛至、盐、黑胡椒粉。

制作Tzatziki酱汁：将希腊酸奶、橄榄油、大蒜碎、柠檬汁、盐和莳萝碎混合在一个小碗里。再放入剩余的黄瓜块混合调味，搭配沙拉享用。

来自法国

苦苣沙拉

 **准备时间：20分钟**

 **烹饪时间：5分钟**

适合2人食用

- 1棵苦苣
- 100克豌豆
- 1个茴香头（切片）+茴香叶（装饰）
- 半个石榴，取籽
- 50克切成丁的蓝纹奶酪（Blue Cheese）
- 1个苹果
- 2汤匙特级初榨橄榄油
- 10粒黑胡椒

油醋汁：

- 1/2个柠檬，挤汁
- 2汤匙特级初榨橄榄油
- 1茶匙黄芥末酱
- 1茶匙无花果果酱
- 盐

将苦苣叶掰开，像花瓣一样放在有深度的盘子上。在每个叶片上放一块蓝纹奶酪。

在小煎锅里加热橄榄油，爆香黑胡椒粒。随后放入茴香头片和豌豆，盖上锅盖加热5分钟。

将苹果切成小块，放在苦苣叶上。混合橄榄油、柠檬汁、黄芥末酱、无花果果酱、盐，调和成油醋汁。

在沙拉上均匀地撒上豌豆、黑胡椒粒和茴香头，随后撒上石榴籽。用油醋汁调味，最后用茴香叶作装饰。

胡萝卜牛油果葡萄柚沙拉

胡萝卜热量低，富含维生素、矿物质和纤维素。它的诸多优点还包括：促进消化，对抗胃炎，清除毒素和体内垃圾，保持皮肤健康，保护心脏和心血管系统的健康。

准备时间：15分钟

适合4人食用

- 200克胡萝卜（擦丝）
- 1个牛油果，切块
- 2个葡萄柚（果肉）
- 50克混合干果（葡萄干、核桃、榛子、杏仁等）
- 1小把新鲜百里香

油醋汁：

- 2汤匙大黄果酱
- 2汤匙芥末汁
- 2汤匙特级初榨橄榄油
- 1个柠檬，挤汁
- 盐
- 黑胡椒粉

将所有调制油醋汁的食材混合搅拌，备用。

在盘子里撒上胡萝卜丝，然后放入葡萄柚、牛油果块、混合干果和新鲜的百里香，浇上油醋汁，即可享用。

番茄甜菜根沙拉

红上加红的色彩艺术！这道沙拉是卓越的抗氧化组合。如果没有杏干，可以用覆盆子或蓝莓代替。

准备时间：10分钟

适合4人食用

· 200克樱桃番茄，每个切成四瓣
· 1个煮熟的甜菜，切大块
· 1小把薄荷，切碎
· 60克杏干，切条

油醋汁：
· 2汤匙梨果酱
· 2汤匙特级初榨橄榄油
· 2汤匙芥菜籽
· 1个柠檬，挤汁
· 盐
· 黑胡椒粉

将所有调制油醋汁的食材混合搅拌。

将樱桃番茄、甜菜块放入盘中，浇上油醋汁，撒上杏干和薄荷碎，即可享用！

Città di Siracusa
nucleo
da NUCLEO
ABBIGLIAMENTO 0-16 anni
Tisia, 105
SOLO
ANANEChiquita
€0,99
PESO ESATO

意式茄丁沙拉（Caponata）

Caponata一词指的是以茄子为主要原料，由各种蔬菜制成的菜肴，经常与鱼或红肉搭配食用。它也可以作为一道完整独立的菜肴，为一大块黑麦面包作美食伴奏！而且这道沙拉在第二天食用时更美味，第三天则口味更佳。

准备时间：20分钟

烹饪时间：20分钟

适合4人食用

- 500克茄子，切大块
- 300克芹菜，切丁
- 1个白洋葱，切碎
- 100克腌渍黑橄榄（罐头装），去核
- 50克用水浸泡过的葡萄干
- 30克盐水刺山柑（罐头装），用水浸泡一下去盐
- 50克松子
- 150克樱桃番茄，切小块
- 2汤匙红糖
- 2汤匙红酒醋
- 1小把新鲜罗勒叶
- 5汤匙特级初榨橄榄油
- 30毫升植物油
- 盐

在煎锅中加热植物油（将木铲浸入热油中，如果木铲周围出现小气泡，则表明油温正好）。将茄子块放入锅中炸10分钟，偶尔搅拌。炸好后将茄子放在吸油纸上沥干油脂，撒上盐。

在平底锅中倒入橄榄油，放入洋葱碎和芹菜丁，再放入樱桃番茄，炒10分钟。随后加入炸好的茄子块，与黑橄榄、葡萄干、刺山柑和松子同炒。将红酒醋与橄榄油混合，调成油醋汁。出锅后撒上红糖，浇上油醋汁，点缀上罗勒叶即可享用。

来自土耳其

烤鹰嘴豆茄子沙拉

我喜欢多汁的茄子与脆皮口感的鹰嘴豆的搭配。一天中的任何时候都可以享用！

 **准备时间：10分钟**

 **烹饪时间：20分钟**

适合6人食用

· 400克鹰嘴豆（煮熟）
· 2个茄子，切片
· 2个去皮的红洋葱，切细丝

酱汁：
· 150克希腊酸奶
· 1小把新鲜薄荷，切碎
· 1小把香菜，切碎
· 1小把迷迭香
· 1个柠檬，挤汁
· 5汤匙特级初榨橄榄油
· 黑胡椒粉
· 盐

将烤箱预热至180℃。在铺有烘焙纸的烤盘上，码放好茄子片、洋葱丝和鹰嘴豆，浇上用橄榄油、柠檬汁、盐和黑胡椒粉混合调制成的油醋汁。撒上迷迭香，放入烤箱中烤20分钟。

准备酱汁：将希腊酸奶、薄荷碎和香菜碎混合。将沙拉蘸酱汁享用，热食或冷食皆可。与意大利面搭配也极为美味。

猕猴桃乳清干酪冻

我爱冻酱的多种变化：可做成野餐时的三明治夹馅，或与时令水果搭配……乳清干酪冻的搭配就更丰富了。

准备时间：10分钟

烹饪时间：45分钟

适合8人食用

· 500克意大利乳清干酪（Ricotta）
· 50克磨碎的孔泰干酪（Comté）
· 50克磨碎的帕尔玛干酪（Parmesan）
· 4个鸡蛋
· 1茶匙盐
· 1茶匙迷迭香（干）
· 1茶匙百里香（干）
· 1茶匙胡椒粒
· 1小把新鲜欧芹
· 2个猕猴桃，去皮，切成薄片
· 10克黄油

将烤箱预热至180℃。在碗里，用叉子碾碎意大利乳清干酪，加入磨碎的孔泰干酪、帕尔玛干酪和1/2茶匙盐，打入鸡蛋，充分用力搅拌使混合物均匀。将混合物倒入涂抹了黄油的蛋糕模具中，盖上烘焙纸，放入烤箱，水浴法烤40分钟，直至干酪冻表面呈金黄色，取出后晾凉。

晾凉后，小心地转动模具取出干酪冻，放在盘子上。将剩下的盐、迷迭香、百里香和胡椒粒撒在干酪冻表面，码放上猕猴桃片和欧芹即可完成。成品可以在冰箱中冷藏保存3天。

全麦谷物沙拉（Freekeh）

Freekeh是一种在中东种植的小麦，收获时仍是绿色的，晒干后再烤制。它的纤维含量是大米的四倍。在13世纪时，乔马市（Choma）的居民提前收获了小麦，但他们用来储存小麦的阁楼失火了，后来他们发现小麦的外壳被烧掉了，但种子保持完整，且味道非常特别，由此，Freekeh小麦便成为了大众食物。后来，Freekeh小麦被引入了许多中东国家，包括叙利亚、约旦和突尼斯等地。

 **准备时间：5分钟**

 **烹饪时间：10分钟**

适合6人食用

- 200克freekeh小麦或普通小麦
- 5汤匙特级初榨橄榄油
- 2个嫩洋葱芽，切碎
- 1个石榴，取籽
- 1根黄瓜，切成小丁
- 2个柠檬挤汁，柠檬皮切块
- 150克希腊橄榄，去核
- 1小把欧芹，切碎
- 1小把莳萝，切碎
- 1小把新鲜薄荷，切碎
- 1汤匙石榴糖蜜（做法参见石榴沙拉）
- 2汤匙开心果仁
- 黑胡椒粉
- 盐

在大量盐水中煮freekeh小麦，煮10分钟。

将其余食材混合放在一个沙拉盘里。沥干小麦水分后加入到全部食材混合物中。温食或凉拌均可，常温下可保存3天。

汤

西班牙番茄甜椒冷汤

西班牙冷汤的起源归功于“Hellenic kykeon”，这是一种基于水和葡萄酒调制而成的清凉饮料。在中世纪时，这种饮料富含盐和橄榄油。最初的西班牙冷汤用面包、醋、橄榄油，以及大蒜或杏仁配制，人们称其为“ajoblanco”，是最古老的西班牙冷汤之一。

准备时间：20分钟

冷藏时间：1小时

适合4人食用

- 4个黄甜椒
- 500克串红番茄[1]
- 1根黄瓜
- 1个青椒
- 1个红辣椒
- 1个红洋葱
- 2瓣大蒜，去皮
- 200毫升特级初榨橄榄油
- 50克陈面包屑[2]
- 2汤匙醋
- 250毫升冰水
- 5条橄榄油浸凤尾鱼（罐头装）
- 豆苗
- 黑胡椒粉
- 盐

将青椒和红辣椒的柄、种子去掉。将红洋葱、大蒜、串红番茄和黄瓜切成大块（另保留4条黄瓜条作装饰用）。

将所有蔬菜放入碗中，加入面包屑、100毫升橄榄油、醋、少许盐，盖上盖子放入冰箱冷藏1小时，取出后将所有食材都转移到更大的容器中，加入水和剩余的橄榄油，并用搅拌器混合，之后将混合冷汤过筛。

切掉黄甜椒的柄，去掉种子和表膜，洗净并擦干。将混合冷汤倒入黄甜椒中，在每个黄甜椒内用1条黄瓜条、1条凤尾鱼、1片红洋葱和豆苗作装饰。可在冰箱中冷藏储存5天。

注1：一种番茄种类，西餐烹饪中常用。也可用樱桃番茄代替。

注2：由放置几天的面包，而不是新鲜刚出炉的面包制成的面包屑。

香橙豆蔻扁豆汤

作为新石器时代以来游牧民族的主食，扁豆是地中海地区农业和贸易中最重要的产品之一。在公元1世纪时，这些豆子甚至被刻在如今矗立在罗马圣彼得广场上的埃及方尖碑上，应当时的罗马帝国皇帝卡利古拉的要求被带到罗马。为了掩人耳目，方尖碑被放在一艘满载着扁豆的船只底部穿越了地中海。

准备时间：15分钟

烹饪时间：1小时20分钟

适合6人食用

- 400克扁豆
- 50克生火腿，切碎
- 1根胡萝卜，切碎
- 1根芹菜茎，切碎
- 1个洋葱，切碎
- 1.5升蔬菜汤
- 1片月桂叶
- 1茶匙小茴香籽
- 1茶匙豆蔻
- 5汤匙特级初榨橄榄油
- 1个柠檬，挤汁，留皮屑
- 1个橙子，切块
- 黑胡椒粉
- 盐

在平底锅中（最好是赤土陶锅或塔吉锅[1]），混合柠檬皮屑、洋葱碎、胡萝卜碎、芹菜碎、火腿碎。加入3汤匙橄榄油，放入月桂叶和小茴香籽。小火煨煮20分钟，直到蔬菜变得金黄软嫩。

将扁豆洗净，沥干水分后放入锅中。浇上热的蔬菜汤，放入豆蔻，中火煮1小时，盖上锅盖，偶尔搅拌一下。如有必要，再继续加入适量热蔬菜汤，用盐和黑胡椒粉调味。

将橙子块放入锅中，大火加热5分钟。

关火后，滴上几滴柠檬汁，用剩余的橄榄油调味，热食即可。可以放在冰箱里冷藏保存3天。

注1：产于北非摩洛哥，也称微压力锅，高盖帽是它的特点，可以最大程度地保持食物的原汁原味和营养。

摩洛哥传统浓汤

虽因地区和家庭而异，但这种以鹰嘴豆、番茄和香料熬成的浓汤营养非常丰富。在斋月期间的每一天，从黎明到黄昏，这种汤的香气便萦绕在街道和家庭中。当城市的宣礼员合唱宣布斋月结束后，人们便开始享用此汤。

浸泡时间：1夜
准备时间：5分钟

烹饪时间：1小时45分钟

适合4人食用

- 200克鹰嘴豆，浸泡1夜
- 2汤匙特级初榨橄榄油
- 2个洋葱，切碎
- 3瓣大蒜，去皮，压碎
- 1棵芹菜，取茎部
- 1片月桂叶
- 2茶匙小茴香
- 2茶匙辣椒粉
- 2茶匙肉豆蔻
- 2汤匙番茄酱
- 1升蔬菜汤
- 400克新鲜番茄碎
- 1小把新鲜香菜，切碎
- 1小把新鲜欧芹，切碎
- 黑胡椒粉
- 盐

在一个厚底大平底锅里加热橄榄油，将洋葱碎、芹菜碎和大蒜碎用小火炒5分钟至软化。撒上小茴香、辣椒粉、肉豆蔻，放入月桂叶加热3分钟，直到香气释放出来。放入番茄酱，煮2分钟，不断搅拌。再倒入蔬菜汤，混合后煮沸。将大蒜捞出。

冲洗鹰嘴豆并沥干水分，将其放入锅中，加入番茄碎和适量香菜、欧芹，转小火煮1小时30分钟，偶尔搅拌。最后加入盐和黑胡椒粉，撒上剩余的香菜、欧芹。

此汤可在冰箱中放置3天，可用做chakchouka的底料（第184页）。

大麦蔬菜姜黄汤

大麦——这种人类种植的最古老的禾木科植物可以追溯到一万年前，它是一种易于运输，且营养丰富的谷物，几乎可以在所有纬度地区生长。它还是古罗马角斗士制度的一个关键因素，有时会被去掉首字母进行缩写，因此古罗马人用“hordearius”（字面意思是“大麦制成的”）来形容膨胀浮夸的人或难以理解的演说家。

准备时间：10分钟

烹饪时间：50分钟

适合6人食用

- 2.5升蔬菜汤
- 200克珍珠麦[1]
- 300克白菜，切丝
- 250克紫甘蓝，切丝
- 200克南瓜，切成1厘米小块
- 300克西葫芦，切片
- 50克豌豆
- 1棵小葱，切碎
- 15克磨碎的姜黄
- 橙皮碎（1个橙子）
- 2汤匙特级初榨橄榄油
- 黑胡椒粉
- 盐

冲洗珍珠麦，然后倒入漏勺中沥水。

在平底锅里加热橄榄油，用小火将小葱碎略炒。放入南瓜块、紫甘蓝丝和白菜丝，翻炒3分钟，然后倒入蔬菜汤，直到没过蔬菜。再放入西葫芦片、珍珠麦、豌豆，盖上锅盖再煮2分钟。用姜黄调味，撒盐，盖上锅盖煮45分钟，偶尔搅拌。如有必要，在烹饪时可加入肉汤。

趁热喝汤。享用前滴上少许橄榄油，撒上少许黑胡椒粉、橙皮碎。

注1：珍珠麦，加工时先去除大麦谷皮，然后将麦粒抛光。纤维素含量高，有利于减肥。

西班牙番茄冷汤（Salmorejo）

作为基本食物，在西班牙语中“salmorejo”指的是用番茄、大蒜和硬面包制成的西班牙冷汤。它不应该与Gaspacho相混淆，因为密度不同（它含有大量面包且更浓稠），味道（更细腻）和颜色（因为含油量高呈橙红色而不是玫瑰红色）均不同。常温下享用，美味绝如传奇。

浸泡时间：30分钟
准备时间：20分钟

冷藏时间：2小时

适合6人食用

· 400克番茄（整个煮熟）
· 100克陈面包，切方块（无表皮）
· 1瓣大蒜，去皮
· 6汤匙特级初榨橄榄油
· 2个煮熟的鸡蛋，粗略切碎
· 1片风干火腿，撕成丝
· 黑胡椒粉
· 盐

将陈面包浸泡在一碗水中30分钟，取出后沥干水分。

将番茄去皮，切成块。将番茄块、软化后的面包和大蒜混合搅拌直到变成泥状。加入橄榄油，使其呈浓密状态。用保鲜膜覆盖好，在冰箱中放置至少2小时。

将冷汤装盘上桌，撒上鸡蛋碎、风干火腿丝，再滴上橄榄油，用盐和黑胡椒粉调味，即可享用。

青豆布格小麦汤

布格小麦（Bulgur）浑身是营养：富含纤维和矿物质盐、铁和钾，具有抗炎作用，可降低患糖尿病的风险，还有助于减肥，可预防肥胖和代谢综合症。

准备时间：10分钟

烹饪时间：15分钟

适合6人食用

· 200克绿豆
· 200克豌豆
· 200克布格小麦
· 500毫升蔬菜汤
· 100克鲜山羊奶酪（Cacioricotta），磨碎
· 1小把新鲜欧芹，切碎
· 黑胡椒粉
· 盐

在煮沸的盐水中煮熟小麦，取出后沥干水分。

同时在煮沸的盐水中煮豌豆和绿豆10分钟，取出后沥干水分。

在搅拌机中放入布格小麦、2/3的蔬菜汤和一半欧芹碎，混合搅拌。之后将搅拌好的汤盛入深盘中，加入剩余1/3的蔬菜汤、鲜山羊奶酪和剩余的欧芹碎，撒上煮好的豌豆和绿豆。

小米南瓜奶油汤

早在古罗马时代人们就开始食用小米，特别是在中世纪时，人们常用小米取代肉类。小米不含麸质，极易消化，是一种可增强活力的谷物，富含硅酸，还可美肤、强韧头发，它适合与所有蔬菜搭配。此道食谱中的南瓜富含维生素，有抗氧化功效。

 **准备时间：5分钟**

 **烹饪时间：40分钟**

适合4人食用

- 100克小米
- 150克菜花，切块
- 500克南瓜，切块
- 1棵小葱，切成葱花
- 500毫升蔬菜汤
- 3汤匙核桃油
- 1茶匙迷迭香（干）
- 1汤匙酱油
- 1茶匙姜，磨碎
- 1茶匙肉桂
- 1茶匙白胡椒粉
- 1茶匙肉豆蔻
- 1汤匙特级初榨橄榄油
- 1小把香叶芹

酱汁：

- 100克希腊酸奶
- 1个青柠檬，挤汁，留皮屑
- 盐

在平底锅中加热橄榄油，将葱花爆香，加入迷迭香和2/3的菜花块和南瓜块，倒入蔬菜汤，放入小米，用小火煮40分钟。接近40分钟时，放入酱油、白胡椒粉、姜末、1/2束香叶芹、肉豆蔻和肉桂。煮好后用搅拌器混合搅打至乳脂状。

将剩下的南瓜和菜花放入一口小锅中，加入少许橄榄油，小火煮20分钟，直到混合物呈金黄色。

混合希腊酸奶、柠檬汁、柠檬皮屑及1撮盐，搅拌均匀作为酱汁。将搅打好的汤与核桃油、酱汁、煮好的南瓜和菜花，以及剩余的香叶芹混合。这道汤要趁热喝。

菠菜栗子汤

据说意大利贵族凯瑟琳·德·美第奇夫人离开佛罗伦萨与未来的法国国王结婚时，她便要求法国宫廷中要有一位能够烹饪菠菜的厨师，因为这是她最喜欢的蔬菜之一。从那时起，在法国宫廷的厨房中，便出现了一张被称为“佛罗伦萨式”的料理台。

准备时间：5分钟

烹饪时间：10分钟

适合4人食用

- 250克新鲜菠菜
- 500毫升蔬菜汤
- 150克鲜奶油
- 150克煮熟的栗子
- 100克磨碎的帕尔玛干酪（Parmesan）
- 1块山羊奶酪（Chèvre）
- 1茶匙茴香籽+1小撮（作装饰）
- 150克烤面包块或手指面包
- 黑胡椒粉
- 盐

将菠菜放入平底锅中，倒入水，盖上锅盖，中火煮7分钟。将菠菜用叉子挤压，以去除残留的水分。

在搅拌机中搅拌菠菜、蔬菜汤、120克栗子、鲜奶油、帕尔玛干酪、茴香籽，搅拌直至呈黏稠奶油状。之后用盐和黑胡椒粉调味，再撒上山羊奶酪、剩下的栗子碎、茴香籽和烤面包块。

芝麻菜圆子汤

我喜欢各种各样的肉汤，顺便说一句，通常我会在一周之初做好，过两天再重新加热时可让味道重放光彩。在这道汤中，我做了芝麻菜圆子（Quenelles），这种圆子也是里昂传统的绿色食品。

准备时间：20分钟

烹饪时间：30分钟

适合4人食用

- 600毫升蔬菜汤
- 150克芝麻菜
- 1个小洋葱，去皮，纵切成4块
- 2个白洋葱，切碎
- 1/2瓣大蒜，去皮，压碎
- 1个柠檬，挤汁，留皮屑
- 1小把新鲜莳萝，切碎
- 1小把新鲜香菜，切碎
- 1小把新鲜龙蒿，切碎
- 80克意大利乳清干酪（Ricotta）
- 60克菲塔羊奶酪（Feta），切成2厘米小丁
- 1茶匙肉豆蔻
- 1个鸡蛋（打散）
- 60克面包屑
- 30克面粉
- 2汤匙特级初榨橄榄油
- 盐

用大锅将蔬菜汤煮沸，加盐调味。将芝麻菜焯水，沥干水分，晾凉后，用手挤压去除所有水分。将蔬菜汤倒入另外一口平底锅，加入小洋葱、白洋葱和大蒜，煨15分钟。

将芝麻菜切碎，放入碗中，加入柠檬汁、柠檬皮屑、混合香草（莳萝、香菜、龙蒿）、两种奶酪、肉豆蔻、鸡蛋液、面包屑、盐，搅拌均匀。用锡箔纸包裹一只托盘。将面粉撒在另一个大盘子上，用蘸水的潮湿的手将混合物团成紧实的12个小圆子，每个约30克。将每个小圆子在面粉中滚几下，边做边放在托盘上。

用中高火将蔬菜汤煮沸。转中火，轻轻放入圆子，盖上锅盖，焖煮4~5分钟，直到它们膨胀并浮到表面。将蔬菜汤和圆子分成4碗，各撒上1撮盐，淋上橄榄油，趁热吃。

热酸奶汤

这道汤结合了酸奶的酸度、卷心菜典型的泥土气息和香草的新鲜滋味。不论冬夏，都是一道美味的小餐。

准备时间：15分钟

烹饪时间：15分钟

适合6人食用

- 1棵卷心菜，切碎
- 1个红洋葱，切碎
- 1瓣大蒜，切碎
- 150克希腊酸奶
- 1升蔬菜汤
- 4汤匙食用油
- 特级初榨橄榄油
- 黑胡椒粉
- 盐

香草汁：

- 1小把新鲜薄荷，切碎
- 1小把新鲜欧芹，切碎
- 2汤匙特级初榨橄榄油
- 30克融化黄油（含盐）

在平底锅里加热食用油，翻炒洋葱碎和大蒜碎5分钟，直至呈现金黄色。放入卷心菜，加入1汤匙蔬菜汤煨15分钟，最后用盐和黑胡椒粉调味。将锅中的混合物放入搅拌机中，倒入酸奶、剩余的蔬菜汤，混合搅拌后倒入盘子里。

制作香草汁：将两种新鲜香草与融化黄油、橄榄油混合，画圆圈式浇在热汤上，趁热享用。

彩椒西葫芦塔塔

 **准备时间：20分钟**

 **烹饪时间：20分钟**

适合4人食用

- 1个红甜椒
- 1个黄甜椒
- 2个西葫芦
- 600毫升蔬菜汤
- 300克煮熟的红豆
- 1个白洋葱
- 1瓣大蒜
- 1棵芹菜茎
- 1个胡萝卜，去皮
- 4片新鲜鼠尾草叶
- 1把新鲜百里香
- 40克羊乳干酪（Pecorino）
- 1把香叶芹
- 6汤匙特级初榨橄榄油
- 盐

将芹菜茎、胡萝卜、红甜椒、黄甜椒（留一半黄甜椒制作塔塔）、洋葱和大蒜切碎。热锅里加入4汤匙橄榄油，将切碎的食材炒一下，撒上鼠尾草叶和百里香。再加入200克红豆、蔬菜汤，煮20分钟。煮好后将汤与磨碎的羊乳干酪混合搅拌。

制作西葫芦塔塔：将西葫芦和剩余的黄甜椒切碎，加入2汤匙橄榄油和剩下的红豆，加盐后晾凉。

将西葫芦塔塔倒在煮好的汤上，用香叶芹做装饰，即可享用。

主食

金枪鱼奶油黑米饭

威尼斯商人马可·波罗在13世纪时前往亚洲，将黑米带回了意大利。黑米是一种在意大利长期种植的品种，在北部的波谷地区，主妇们世代在烹饪它。这种米具有显著的营养特性——高含量的矿物质和抗氧化剂——研究证明对健康非常有益。

浸泡时间：30分钟
准备时间：30分钟

烹饪时间：50分钟

适合6人食用

- 500克黑米
- 8汤匙特级初榨橄榄油
- 2个小洋葱，切碎
- 300克金枪鱼（罐头）
- 400克煮熟的白豆，沥干水分
- 2茶匙茴香籽
- 2汤匙红酒醋
- 1汤匙马斯卡彭奶酪（Mascarpone）
- 10颗盐渍的刺山柑（罐头装），洗净，沥干水分
- 6粒黑胡椒，捣碎
- 2个橙子，挤汁
- 2棵红菊苣，切成大块
- 1小把新鲜香菜
- 1茶匙黑胡椒粉
- 盐

将黑米用冷水浸泡30分钟，之后沥干水分。

中火加热煎锅，加入4汤匙橄榄油，放入洋葱翻炒5分钟。随后将洋葱和油倒入装有金枪鱼、白豆、茴香籽、红酒醋、马斯卡彭奶酪、刺山柑、黑胡椒和橙汁的搅拌机中，搅拌成浓稠的酱汁。

平底锅中倒入水，撒入1茶匙盐，煮沸后放入黑米，将黑米煮熟（约30～35分钟），煮至弹牙的程度。在取出前，留出2汤匙煮沸的水。将黑米饭放在盘中冷却。

在刚才的煎锅中，将剩余的橄榄油用中火加热，放入切碎的红菊苣，盖上锅盖焖15分钟。将金枪鱼和一半红菊苣与黑米饭在锅中混合，加入预留的煮米水和少许橄榄油，直到米饭被黏糯的表层包裹住。在盘子里摆上余下的红菊苣作点缀，撒1把香菜碎和黑胡椒粉。热食或冷食均可。

豆羹酿青椒

在意大利普利亚大区的加尔加诺，传说在圣约翰受洗的夜晚，所有适婚年龄的女孩都要在枕头下放三颗蚕豆：一颗有皮，一颗没皮，第三颗被咬过。在晚上，依次随意抓取：第一颗可以承诺富足的生活，第二颗意味着会过着平庸的生活，第三颗则会招致困苦的生活。尝试去寻找意大利或北非出产的蚕豆，以获得最佳的口感和质地。

浸泡时间：1晚
准备时间：5分钟

烹饪时间：2小时5分钟

适合4人食用

豆类：

- 250克蚕豆，浸泡1晚
- 1个小土豆
- 1片月桂叶
- 50毫升特级初榨橄榄油
- 1茶匙“盐之花”海盐[1]

青椒：

- 1公斤小青椒
- 3汤匙特级初榨橄榄油
- 1个柠檬，挤汁
- 1小把新鲜薄荷
- 黑胡椒粉
- 盐

将土豆去皮，切成小块。在一口铸铁锅中放入蚕豆、土豆和月桂叶，倒入足够多的水没过食材，小火煮沸，不时撇去浮沫。盖上锅盖，煨1小时45分钟，直到蚕豆变得非常软嫩。当水分被吸收并且质感纹理看起来像玉米粥时，即奶油状，浓重而不稀，蚕豆羹就准备好了。用木勺检查锅底是否轻微烧焦，然后上下摇动铸铁锅。用这种方法，原浆将从底部向上混合。如有需要，可加入少许水使其稀释。然后加入橄榄油和“盐之花”海盐。

小火加热另一口锅中的橄榄油，将青椒放入，加入柠檬汁和柠檬皮，盖上锅盖煮20分钟，偶尔搅拌。其间撒入一点切碎的薄荷，加盐和黑胡椒粉调味。

将青椒放在豆羹上，淋上少许橄榄油，撒上剩下的薄荷。这道菜在冰箱里可存放5天。

注1：盐之花（fleur de sel），最负盛名的顶级海盐，来自法国布列塔尼海岸。

三种奶酪菊苣馅饼

这种细腻、酥脆的面团融化在口中，提升了香肠和奶酪味蔬菜的美味。

浸泡时间：15分钟
准备时间：30分钟

静置时间：1小时30分钟
烹饪时间：1小时10分钟

生面团：
- 300克硬粒小麦粗面粉
- 30克白砂糖
- 25克面包酵母
- 50克帕尔玛干酪（Parmesan）
- 50毫升特级初榨橄榄油
- 盐，黑胡椒粉

填料：
- 500克红菊苣或苦苣
- 50克葡萄干
- 50毫升初榨橄榄油
- 100克新鲜奶酪
- 60克磨碎的瑞士干酪（Emmental）
- 150克新鲜山羊奶酪（Chèvre）
- 100克熏制奶酪
- 100克香肠，切丁
- 3个熟鸡蛋

蛋黄浆：
- 1个蛋黄
- 50毫升牛奶

将葡萄干在水中浸泡15分钟，沥干水分。在煎锅中，用橄榄油将红菊苣和葡萄干煎10分钟，放入盐和黑胡椒粉。

准备面团。将一半粗粒小麦粉放入碗中，加入盐、黑胡椒粉、白砂糖和酵母，倒入300毫升温水，和成面团，盖上保鲜膜，静置发面30分钟。随后在面团中加入剩下的小麦粉、橄榄油、帕尔玛干酪和100毫升温水，水量可根据环境湿度而调整。揉捏面团成一个球，表面抹上橄榄油，盖上湿布，发面1小时。之后再继续揉面团，将2/3的面团揉成圆挞形，放入模具中作为铺底。

将3种奶酪、香肠丁和煮熟且压扁的红菊苣混合，垫在馅饼底部，将熟鸡蛋放在馅饼的边缘处。铺上剩下的面团，注意把边缘粘连在一起。将牛奶与蛋黄混合搅拌成浆，然后刷满面团。在中间钻一个洞以便蒸汽逸出。将馅饼放入烤箱中烤1小时。趁热吃。常温下可以保存3天。

双粒小麦海鲜饭

在古罗马时代，人们便是用这种小麦开启了婚礼的仪式。祭供爱神丘比特之后，夫妻俩互赠对方一块小麦薄饼，一起掰开，一起享用。

准备时间：10分钟

烹饪时间：50分钟

适合6人食用

- 300克双粒小麦（épeautre）[1]
- 300克鱿鱼
- 300克墨鱼
- 600克蛤蜊
- 200克虾，去壳
- 100毫升特级初榨橄榄油
- 1小把新鲜欧芹
- 2瓣大蒜
- 1个辣椒，切碎
- 300克番茄，去皮
- 1小把新鲜香菜
- 黑胡椒粉
- 盐

将微咸的盐水放入平底锅中煮沸，然后按照包装上注明的时间煮双粒小麦，煮熟后沥干水分。

切碎少许欧芹。将蛤蜊放入平底锅中，加入一半橄榄油和少许欧芹碎，加热让贝壳打开，最后把仍闭合的壳取出扔掉。过滤烹饪汁液，备用。

将剩余欧芹、大蒜切碎，加入到放有剩下的橄榄油和辣椒的平底锅里翻炒。放入鱿鱼煮15分钟。将墨鱼切成小块，放入锅中煮几分钟。加入番茄，撒少许盐，中火煮20分钟。再放入虾同煮，最后再放入蛤蜊。

在另一口锅中加入煮熟的双粒小麦、蛤蜊煮水、盐和黑胡椒粉。最好将双粒小麦倒入陶锅中，以便保温。将食材铺在小麦饭上，享用时撒上香菜。

注1：进口超市有售，也可网购。还可用西班牙烩米或粗麦代替。

来自葡萄牙

什锦蔬菜藜麦饭

准备时间：20分钟

烹饪时间：1小时

适合6人食用

- 200克藜麦
- 1棵芹菜，切小丁
- 2个白洋葱，切小块
- 85克烘烤杏仁片
- 85克西梅，切片
- 10枚杏干，切片
- 1小把新鲜薄荷，切碎
- 2汤匙特级初榨橄榄油

酸奶酱：

- 4汤匙原味酸奶
- 1汤匙芝麻酱
- 1个柠檬，挤汁
- 黑胡椒粉
- 盐

将烤箱预热至220℃。将芹菜丁和洋葱块混合在一个不太深的大烤盘中，加入2汤匙橄榄油。放入烤箱中烤30分钟，期间摇晃1或2次，直到蔬菜变得软嫩。

将藜麦煮熟，煮好后过一遍冷水再沥干水分。将酸奶、芝麻酱、2/3柠檬汁、盐、黑胡椒粉混合，调制成酸奶酱。

将藜麦、西梅、杏干、一半薄荷、盐、黑胡椒粉放在一个大碗里，再倒入余下的柠檬汁，用少许橄榄油拌匀。最后撒上芹菜丁、洋葱碎、杏仁片、剩余薄荷，佐以酸奶酱享用。

来自摩洛哥

库斯库斯米

准备时间：10分钟

烹饪时间：10分钟

适合6人食用

- 500克库斯库斯米（Couscous）
- 2个红洋葱，切细条
- 500克覆盆子
- 20克半盐黄油
- 150克马斯卡彭奶酪（Mascarpone）
- 1个柠檬，挤汁
- 6汤匙特级初榨橄榄油
- 1小把新鲜薄荷，切碎
- 黑胡椒粉
- 盐

在一个小平底锅中将黄油融化，用中火将洋葱煎10分钟。

按照包装说明将库斯库斯米煮熟。

准备马斯卡彭酱：将马斯卡彭奶酪与柠檬汁及1/4的覆盆子放在搅拌机中搅拌，然后用盐和黑胡椒粉调味。

将库斯库斯米放入一个大碗里，用橄榄油调味，再放入洋葱、剩下的覆盆子和薄荷。根据个人喜好再用盐和黑胡椒粉调味。单独搭配马斯卡彭酱享用。

CORIANDOLO
CONDIMENTO ALLA
CHIODI DI
CONDIMENTO ALLA
MISTO
PEPERONCINO PICCANTE HOT

西班牙扁豆汤

西班牙扁豆汤是一道充满活力且食材丰富、美味的菜肴，而且做法简单。它可以作为一道完整的素食菜肴，搭配烤面包享用。

准备时间：20分钟

烹饪时间：1小时
静置时间：15分钟

适合6人食用

- 250克扁豆
- 500克土豆，去皮，切大块
- 150克胡萝卜，切片
- 1把茴香叶，切碎
- 1棵芹菜茎，切薄片
- 1个红洋葱，切条
- 2瓣大蒜，去皮，压碎
- 1个青椒，去籽，切碎
- 50克香肠，切小块
- 50克烟熏培根
- 1片月桂叶
- 6汤匙特级初榨橄榄油
- 1.5升蔬菜汤
- 1茶匙辣椒粉
- 黑胡椒粉
- 盐

在一个大锅里加热橄榄油，放入洋葱、青椒、大蒜、胡萝卜、芹菜同炒约10分钟，不断搅拌并加入1撮盐。随后放入香肠和培根，炒3分钟。最后放入扁豆，再炒2分钟。

锅中倒入1升蔬菜汤，放入月桂叶、黑胡椒粉、辣椒粉，盖上锅盖，大火煮20分钟，必要时将浮沫撇去。

放入土豆块和剩余的蔬菜汤，大火煮20分钟。关火后，盖上锅盖让汤静置15分钟。趁热吃，吃时撒上茴香叶。

来自土耳其

珊瑚扁豆

准备时间：10分钟

烹饪时间：15分钟

适合4人食用

- 200克珊瑚扁豆（又名红扁豆）
- 2根胡萝卜，切大块
- 6汤匙特级初榨橄榄油
- 100克烤杏仁
- 50克葡萄干
- 1小把新鲜香菜，切碎
- 黑胡椒粉
- 盐

将葡萄干在温水中浸泡10分钟，沥干水分后备用。将珊瑚扁豆煮熟，沥干水分后备用。

在平底锅中加热橄榄油，将胡萝卜块用大火炒15分钟，用盐和黑胡椒粉调味。

将炒好的胡萝卜与珊瑚扁豆、烤杏仁、葡萄干混合，撒上香菜，用盐、黑胡椒粉调味。

温食或冷食均可。这道菜在常温下可以存放5天。

来自法国

奶酪番茄意大利面

准备时间：20分钟

烹饪时间：20分钟

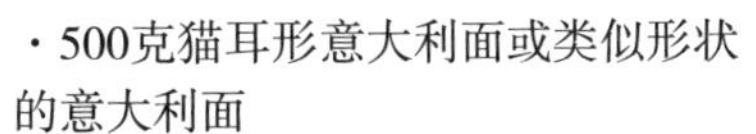

适合6人食用

- 500克猫耳形意大利面或类似形状的意大利面
- 150克杏仁碎
- 200毫升初榨橄榄油
- 3瓣大蒜，压碎
- 3个西葫芦，切大丁
- 3根胡萝卜，切大丁
- 250克樱桃番茄，切成四瓣
- 1小把新鲜罗勒
- 1个柠檬，挤汁，留皮屑
- 100克意大利乳清干酪（Ricotta）
- 20克南瓜子
- 20克盐渍刺山柑（罐头装），浸泡后沥水
- 盐

在加了盐的沸水中煮杏仁碎和意大利面，煮至面条弹牙的程度，将面条和杏仁沥干水分，保留1汤匙煮面水，单独备好杏仁。将意大利面放入倒有一半橄榄油的沙拉碗中。

用锅大火加热剩余的橄榄油，放入大蒜爆香，3分钟后放入胡萝卜丁、西葫芦丁和1/2把罗勒，翻炒10分钟。

将炒熟的蔬菜倒入装有面条的大碗中，加入柠檬汁、柠檬皮屑、刺山柑、南瓜子、樱桃番茄、杏仁碎、剩下的罗勒和磨碎的意大利乳清干酪。

柠檬胡椒意大利面

在这道食谱里，风干猪颊肉被隆重地烹饪，就是为了让它拥有酥脆的口感。混合着黑胡椒和柠檬作为基底的浓稠酱汁，让面条更美味。如果你找不到风干猪颊肉，可以用培根或者熏肉代替，重要的是，你喜欢就好！

 **准备时间：15分钟**

 **烹饪时间：20分钟**

适合6人食用

- 500克意大利面（可选用特洛飞面Trofie[1]）
- 20粒黑胡椒
- 5汤匙特级初榨橄榄油
- 1棵小葱，切碎
- 2个柠檬，切薄片，挤汁
- 1小把百里香
- 50克黑橄榄，去核，切块
- 50克帕尔玛干酪（Parmesan），磨碎
- 20克原味黄油
- 200克风干猪颊肉，切小丁
- 盐

将黑胡椒粒放入锅中，小火加热1~2分钟，然后放在舀内，用杵研磨至粉状。

用不粘锅中火加热橄榄油，放入小葱煎5分钟至变色。加入柠檬汁、1/2黑胡椒、1/2百里香，烹饪2分钟。关火后加入20克黑橄榄、帕尔玛干酪和黄油。

用小锅中火炒10分钟猪颊肉丁，将炒出的一半油脂沥去，将炒好的猪颊肉和剩下的油脂放在一边备用。

在大锅中加入沸腾的盐水，放入意大利面，不要煮太久以保留它的嚼劲。沥水，保留1或2汤匙煮面水。将意大利面取出放入平底锅中。

将刚才煮好的混合物放在意大利面上，加入酥脆的猪颊肉丁和油脂，快速将其搅拌，并倒入刚才保留的煮面水，搅拌至酱汁变得顺滑并呈现奶油状。撒上百里香、黑橄榄、剩余的一半黑胡椒和柠檬片，马上享用。

注1：特洛飞面（Trofie），意大利面的一种，形状小而卷曲。

青酱猫耳意大利面

青酱猫耳意大利面绝对是意大利普利亚大区烹饪传统中无可争议的标志性食物。严格手工制作，又圆又凹的形状使它拥有其他意大利面无法比拟的保留酱汁的功能。猫耳意面又像小孩的耳朵，当他们调皮捣蛋时耳朵就会被揪成这样。当我还是小孩的时候，如果发现当天的餐桌上有这道意面，就说明我今天干了坏事儿。食物也是一种语言，而且是多么善良的语言啊！

 **准备时间：5分钟**

 **烹饪时间：15分钟**

适合6人食用

- 500克猫耳意面
- 250克西蓝花
- 250克芦笋尖
- 1小把新鲜欧芹
- 150克山核桃
- 150克帕尔玛干酪（Parmesan）
- 1个白洋葱，切碎
- 2瓣大蒜，去皮
- 150毫升特级初榨橄榄油
- 黑胡椒粉
- 盐

在不粘锅中加入2汤匙橄榄油和1瓣大蒜，再放入1/2洋葱碎、1/2欧芹和1/3西蓝花，中火煎10分钟。

取另一口锅，在沸水中加盐，放入猫耳意面煮至有嚼劲。

准备青酱：在搅拌机中放入帕尔玛干酪、1瓣大蒜、1/2洋葱碎、剩余橄榄油、2/3西蓝花、芦笋尖、1/2山核桃、1/2欧芹，搅拌均匀，用盐和黑胡椒粉调味。

沥干意面水分，保留2或3汤匙煮面水。在意面中加入青酱使其呈现奶油状，再浇上2~3汤匙煮面水。热乎乎的意面佐以青酱享用，并用炒好的西蓝花和剩余的山核桃装饰摆盘。

诺玛的蝴蝶意面

据说是剧作家尼诺·马尔托格利奥为这道知名的西西里菜命名的。在这盘充分调味的意大利面面前，想必他应该这样高声喊道："这是一部《诺玛》！"，为了表明这份至善美味，剧作家甚至拿它和温琴佐·贝利尼的知名歌剧相媲美。

准备时间：20分钟
腌制时间：20分钟

烹饪时间：30分钟

4人份

- 400克蝴蝶意面
- 2根芦笋（中等大小）
- 4汤匙粗盐
- 700克番茄，去皮
- 2瓣大蒜，去皮
- 1小把新鲜细叶芹
- 4汤匙特级初榨橄榄油
- 200克意大利乳清干酪（Ricotta）
- 黑胡椒粉
- 盐

洗净芦笋并切成薄片，将其放在滤锅上并撒上粗盐，盖上盘子并重压，腌至少20分钟。

准备番茄酱：在平底锅中加热橄榄油，放入整瓣大蒜，再放入去皮番茄，用盐和黑胡椒粉调味。中火烹制20分钟，半熟时加入1/2细叶芹。

用冷水冲洗芦笋，将其放在烤网上，每面烤5分钟，不需要放油。然后将其切成细长条，留一小部分切成小薄片用作装饰。

在沸水中煮熟意面。把乳清干酪擦丝。

将部分番茄酱放在一旁备用。将其余番茄酱和烤好的芦笋放在平底锅中炒制。将意面沥水，保留1汤匙煮面水。将煮面水和番茄酱、芦笋在平底锅内混合，随后放入意面，小火搅拌1分钟。

在上桌前将剩余的番茄酱覆盖在意面上，用之前备好的芦笋片装饰，最后撒上干酪丝和剩余的细叶芹。

乌鱼子卡姆特（kamut）意大利面

卡姆特（Kamut）面粉又名“法老的小麦”，非常易于消化。
乌鱼子肠和柠檬皮屑以及新鲜香草的口感反差使这道面超级美味。

准备时间：10分钟

烹饪时间：15分钟

适合6人食用

- 500克卡姆特意大利面（可用普通细长意大利面代替）
- 30克乌鱼子肠，切碎
- 60毫升特级初榨橄榄油
- 1个小洋葱，切碎
- 1个柠檬，磨皮屑
- 40克面包屑
- 1小把新鲜龙蒿

在平底锅内倒入30毫升橄榄油，放入洋葱碎煎5分钟。

在沸腾的盐水中煮意面，煮至有嚼劲。

准备酱汁：混合乌鱼子肠、30毫升橄榄油、煎好的洋葱碎和1/2龙蒿。

将意面沥水，保留2或3汤匙煮面水，加入酱汁搅拌使其呈奶油状。趁热加入柠檬皮屑、面包屑、剩余的龙蒿，即刻享用。

土豆青酱千层面

举世闻名的青酱来自于意大利热那亚市。此处的做法在原始菜谱的光辉中加入了土豆、樱桃番茄和四季豆。

 **准备时间：10分钟**

 **烹饪时间：50分钟**

适合6人食用

- 500克意大利千层面面皮（干）
- 2个小土豆，切小块
- 100克四季豆
- 12颗串红番茄（可用樱桃番茄代替）
- 20克松子
- 200克软奶酪（Stracchino）
- 50克帕尔玛干酪（Parmesan）
- 黄油
- 特级初榨橄榄油

贝夏梅尔白酱（Béchamel）：

- 500毫升牛奶
- 50克面粉
- 50克黄油
- 肉豆蔻
- 盐，黑胡椒粉

青酱（Pesto）：

- 2瓣大蒜
- 2大把新鲜罗勒叶
- 80克松子
- 100克帕尔玛干酪
- 60克佩科利诺羊乳干酪（Pecorino）
- 6汤匙特级初榨橄榄油
- 盐

烤箱预热至180℃。在大锅中加热盐水至沸腾，放入千层面煮7分钟，取出后晾置。

准备青酱：将制作青酱的所有食材放在搅拌机内搅打。做好后放在碗里，用保鲜膜封好，避免与空气接触。

准备白酱：在锅中融化黄油，加入面粉，用抹刀搅拌，温火加热3分钟。逐步倒入牛奶，加入盐、黑胡椒粉和肉豆蔻，轻轻搅拌，让其沸腾5分钟。

在烤盘内涂抹一层橄榄油，倒上一层薄薄的白酱，然后放入千层面面皮、青酱，再放入白酱，重复此工序3次。最后一层面皮上只放青酱，再在其上覆盖软奶酪碎和帕尔玛干酪碎。再倒入黄油，撒上松子，放入烤箱中烤制25分钟。

小锅中倒入2厘米深的盐水，加入土豆和四季豆煮10分钟，不要盖锅盖，之后将水倒出。将土豆、四季豆、番茄放入平底锅里，用橄榄油炒5分钟，番茄要炒熟。将四季豆、土豆、番茄和烤松子装饰在千层面上，趁热吃！

西芹青酱螺丝意面配牛肝菌核桃

在家也可以很容易制作青酱，只要能充分保持新鲜香草、橄榄油、奶酪碎和干果之间的平衡。这是一道最基础的菜谱，现在轮到你创作了！

焯水时间：10分钟
准备时间：10分钟

烹饪时间：10分钟

适合6人食用

- 500克螺丝意面（或其他形状的意面）
- 100毫升特级初榨橄榄油
- 1瓣大蒜，去皮
- 30克干牛肝菌
- 100克核桃仁
- 100克帕尔玛干酪碎（Parmesan）
- 50克山羊奶酪（Chèvre）
- 1把新鲜龙蒿
- 1棵西芹茎，切1厘米段
- 1根香草荚，取籽
- 黑胡椒粉
- 盐

在沸水中浸泡牛肝菌10分钟。

制作青酱：在沸水中焯核桃仁3分钟。搅拌器内依次放入2/3西芹、帕尔玛干酪、龙蒿、沥干水分的牛肝菌、核桃仁（留几颗备用）、山羊奶酪和橄榄油，搅拌至顺滑奶油状。

煮熟意面，沥水并保留2汤匙煮面水。用青酱给意面调味，晾凉。享用前放入剩余的西芹和龙蒿，撒上剩余的核桃仁。

蔬菜

焗烤千层茄子和小西葫芦

焗烤千层茄子的发源地在哪儿？是西西里，帕尔玛还是那不勒斯？茄子于15世纪在阿拉伯人把它带入印度的时候传入了意大利，这条路线使我们更倾向认为这道菜的发源地是西西里。而帕尔玛为其贡献了帕尔玛干酪作为装饰，那不勒斯则提供了马苏里拉奶酪装饰在盘子四周。第一个历史证据出现在18世纪阿普利亚厨师温森佐·可拉多（Vincenzo Corrado）所著的《加兰特烹饪》一书中，他在此食谱中加入了小西葫芦。为了消除所有疑问，此道食谱中，我们两种食材都用！

准备时间：15分钟
静置时间：2个小时

烹饪时间：50分钟

适合6人食用

- 1.2公斤茄子
- 800克小西葫芦
- 1个洋葱，去皮，剁碎
- 1瓣大蒜，去皮，压碎
- 250克马苏里拉奶酪（Mozzarella）
- 250克斯卡莫扎奶酪（Scamorza）
- 150克帕尔玛干酪碎（Parmesan）
- 2个柴鸡蛋
- 1大把新鲜罗勒
- 200毫升食用油
- 500克番茄，去皮
- 6汤匙特级初榨橄榄油
- 黑胡椒粉
- 盐

将茄子和小西葫芦切成1厘米厚的片，然后放在过滤器中，撒上盐腌制1小时后沥干水分。再将其按压、冲洗并晾干。

在平底锅中加入3汤匙橄榄油，翻炒洋葱和大蒜。取出大蒜，放入番茄、一半罗勒、盐和黑胡椒粉，翻炒20分钟。

烤箱预热至180℃。在不粘锅中倒入食用油，放入茄子和小西葫芦，每面煎3分钟，煎好后放在吸油纸上沥油。

将马苏里拉奶酪和斯卡莫扎奶酪切厚块。用2/3番茄酱打蛋，加入盐和黑胡椒粉调味。在烤盘中倒入一小部分不含鸡蛋的酱汁，其上覆盖一层茄子和小西葫芦。再倒入含鸡蛋的酱汁、2或3汤匙帕尔玛干酪碎、一半罗勒、马苏里拉奶酪以及斯卡莫扎奶酪。

重复放置几层食材直至用光，最后一层茄子和小西葫芦上的酱汁要用不含鸡蛋的。将食材放入烤箱中烤制30分钟，烤好后静置1小时。温食或冷食均可。可在冰箱内保存5天。

那不勒斯菜花比萨

这款比萨是在意大利消费最多的种类之一，这个选择既美味又不会让人有负罪感。是的，有时美味和健康我们可以兼备！

准备时间：10分钟

烹饪时间：25分钟

适合6人食用

· 1公斤菜花
· 30克玉米面
· 50克意大利哥瑞纳帕达诺奶酪（Grana Padano，简称DOP）
· 2个蛋白
· 肉豆蔻
· 黑胡椒粉
· 盐

配菜：

· 150克马苏里拉奶酪（Mozzarella），切成1厘米方块
· 150克番茄酱
· 1汤匙干牛至
· 1小把新鲜罗勒叶
· 20毫升特级初榨橄榄油
· 2条油浸凤尾鱼（罐头装）
· 盐

烤箱预热至180℃。将菜花切碎后放入碗中，加入DOP奶酪碎、蛋白、肉豆蔻（磨碎）、1撮盐和黑胡椒粉。将混合物倒入另一只碗里，加入玉米面，用抹刀搅拌。在比萨饼烤盘内铺上防油纸，把混合物倒入烤盘中，并用汤匙背抹平，放入烤箱中烤制20分钟。

在番茄酱中加入盐、干牛至，用橄榄油和罗勒叶调味。当比萨饼底烤熟后将烤箱关火，取出后用汤匙将混合后的番茄酱均匀地铺在比萨饼底上，然后码放好马苏里拉奶酪块和油浸凤尾鱼。重新放入已关火的烤箱内用余热烤制8分钟，趁热享用！

巴黎Miznon餐厅传统炖菜

Miznon是一家位于巴黎犹太区中心的令人着迷的餐厅，在那里可以找到裹在热皮塔面包（Pitta bread）里的传统以色列菜肴。这些美味的街头食物和这道炖菜以它的极简性而享有盛誉。

准备时间：10分钟

烹饪时间：25分钟

适合4人食用

- 1个大茄子，切不规则块
- 2个洋葱，切碎
- 100毫升特级初榨橄榄油
- 3根胡萝卜，切不规则块
- 2个小西葫芦，切不规则块
- 2串串红番茄（或4~5个小个番茄），切成小块
- 300毫升蔬菜汤
- 1个绿辣椒，去籽，切碎
- 2个柠檬，挤汁
- 100克芝麻酱
- 3个熟鸡蛋，切小丁
- 1小把香菜，粗切
- 黑胡椒粉
- 盐

在一口大锅里加热橄榄油和洋葱，大火煎5分钟使其呈金黄色，然后加入胡萝卜、茄子、小西葫芦和番茄，用盐和黑胡椒粉调味。随后倒入蔬菜汤煮20分钟，同时不停搅拌直至汤汁被全部吸收。

在一个碗里倒入芝麻酱、柠檬汁和100毫升热水，搅拌。在另一个碗里放入辣椒、少量橄榄油和少许盐，搅拌成辣椒汁。

在盘中铺上柠檬味的芝麻酱，放入炖菜、辣椒汁、香菜、熟鸡蛋。此道炖菜可以保存3天。

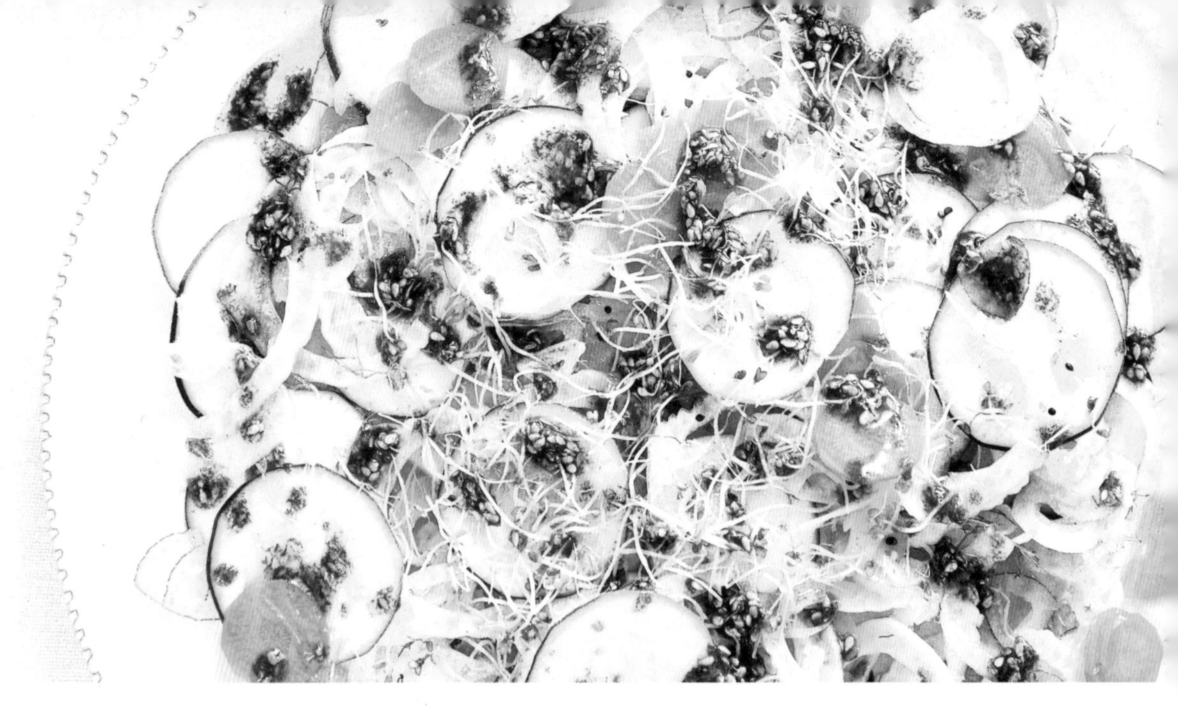

来自意大利

薄切蔬菜冷盘

准备时间：15分钟 **适合6人食用**

- 4个小西葫芦
- 2根胡萝卜
- 1根黄瓜
- 1把茴香
- 1束芹菜叶
- 2把豆苗

芝麻醋汁：

- 5汤匙芝麻
- 5汤匙香醋
- 5汤匙特级初榨橄榄油
- 黑胡椒粉
- 盐

将所有蔬菜切成薄片，在大盘中摆盘。

将调制芝麻醋汁的所有调料混合在一起。

用芝麻醋汁为五颜六色的蔬菜冷盘调味，最后撒上豆苗。

来自法国

芦笋菠菜拼

准备时间：10分钟

烹饪时间：20分钟

适合4人食用

- 250克芦笋
- 250克新鲜菠菜
- 1个洋葱，切小薄片
- 6汤匙特级初榨橄榄油
- 1个辣椒，切碎
- 1汤匙芥末酱
- 黑胡椒粉
- 盐

在锅中加入2汤匙橄榄油，放入洋葱，中火煎10分钟。再放入芦笋煎10分钟，随后盖上锅盖。

在煮沸的盐水中焯一下菠菜，3分钟后捞出并沥水。将菠菜和芦笋混合，放入煎好的洋葱。

准备酱汁。混合剩下的橄榄油、辣椒碎、芥末酱、盐、黑胡椒粉。把酱汁放在温热的蔬菜旁，蘸汁享用。

Chaki chuka

我是在探访位于西西里南部，面对突尼斯海岸的潘泰莱里亚岛（Pantelleria）时发现的这道料理。在小街上散步时，我在一家小餐馆前看到手写的招牌“Pierina的当地食材”，随即便走进了这间有点简陋的餐厅，没想到在这个小岛所能提供的珍宝般的料理中我重逢了一种非正式的友好：刺山柑花蕾、干番茄、潘泰莱里亚葡萄（美味温和的葡萄酒）。这些古老的菜肴传递给我绝佳的快乐，堪称天赐的食物！

准备时间：10分钟

烹饪时间：40分钟
凉置&冷藏时间：1小时20分钟

适合6人食用

- 1个红洋葱，去皮
- 300克土豆
- 300克黄椒，去籽
- 150克茄子
- 300克西葫芦
- 20克刺山柑（罐头装）
- 50克核桃
- 30克花生
- 30克小杏仁
- 50克特级初榨橄榄油
- 红辣椒碎
- 1咖啡匙干牛至
- 50克番茄干

洋葱切片，放入锅中，加入橄榄油和一杯水，大火煮至水收干。

将所有蔬菜切成小丁后放入锅中，放入红辣椒、25克核桃、15克花生。注意不要加盐。中火加热30分钟并用木汤匙搅拌。

蔬菜煮熟后将其置于室温下凉置20分钟，然后放入冰箱冷藏1小时。食用前用少许干牛至装饰，把番茄干摆在旁边，将杏仁和剩下的核桃及花生撒在表面。

蚝油小白菜佐腰果辣酱

小白菜是在中式料理中被广泛使用的一种蔬菜，它的叶子肥且脆，味道鲜美又带一丝淡淡的苦味。我用布列塔尼牡蛎来做蚝油小白菜，收获的是幸福又热情的味道。

准备时间：10分钟

烹饪时间：10分钟

适合6人食用

- 6棵小白菜
- 4汤匙植物油
- 1汤匙辣酱
- 50克腰果
- 6只牡蛎（肉）
- 2汤匙酱油

在平底锅中加热2汤匙植物油，放入小白菜炒10分钟，盖上锅盖。

在沸水中焯牡蛎1分钟，捞出后沥水，并用吸水纸小心地擦干。

调制酱汁：在容器中放入一半多的腰果，倒入酱油，放入焯好的牡蛎、辣酱和2汤匙植物油。

将小白菜装盘，浇上酱汁，撒上剩余的腰果。

韭葱佐豌豆

布拉塔奶酪（Burrata）有些类似于马苏里拉奶酪，其柔软紧实的质感下隐藏了温和的入口即化的口感。这里介绍一道几分钟就能搞定的如花园般春意盎然的美味。

 **准备时间：10分钟**

 **烹饪时间：15分钟**

适合2人食用

- 1棵韭葱，切小薄片
- 5汤匙特级初榨橄榄油
- 150克蚕豆或毛豆
- 100克豌豆，去壳
- 1块布拉塔奶酪（Burrata）[1]
- 1小把新鲜罗勒
- 黑胡椒粉
- 盐

在平底锅中加热2汤匙橄榄油，放入韭葱，大火煎5分钟直至韭葱呈黄色。放入豌豆和蚕豆，中火加热10分钟。

摆盘，铺上布拉塔奶酪作装饰。用3汤匙橄榄油调味，撒上盐、黑胡椒粉和罗勒叶。

注1：可用马苏里拉奶酪或新鲜山羊奶酪代替。

来自意大利

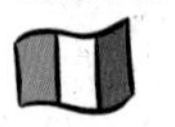

地中海烤土豆

无论是佐以其他食材享用还是单独吃，用这种激发食欲的
方法料理的土豆几乎能符合所有人的口味！

准备时间：10分钟

烹饪时间：55分钟

适合4人食用

· 500克土豆，去皮，切成半月状
· 10瓣大蒜，对半切
· 1小把新鲜迷迭香
· 150毫升特级初榨橄榄油
· 50克烤松子
· 盐

烤箱预热至200℃。

将土豆放入锅中，倒入冷水没过土豆，煮至沸腾，10分钟后将土豆捞出沥水。

在一个大碗里混合土豆、橄榄油、大蒜、迷迭香、盐，然后将其放在铺好烘焙纸的烤盘上，放入烤箱中烤45分钟。烤好后撒上烤松子，温食或冷食均可。常温下可以保存3天。

来自法国

炒甜菜佐李子干

蔬菜、干果和一口锅——用很少的东西就可以创造出惊喜！

准备时间：5分钟

烹饪时间：10分钟

适合6人食用

- 500克甜菜，洗净后对半切
- 5汤匙芝麻
- 100克李子干，去核，切小块
- 5汤匙特级初榨橄榄油
- 黑胡椒粉
- 盐

在炒锅中加热橄榄油，倒入甜菜翻炒10分钟至半熟，依据个人口味加盐和黑胡椒粉调味。

在加热后的平底锅内烤芝麻2分钟。在炒甜菜上撒上烤芝麻和李子干，温食或冷食均可。

橘子糖霜烤红薯

红薯的特性使它成为非常有益于健康的“超级食物”。建议带皮食用，同时佐以颗粒状的橘子糖霜。

准备时间：5分钟

烹饪时间：45分钟

适合6人食用

- 3个红薯，各对半竖切
- 120克熟栗子，切大块
- 1小把新鲜薄荷叶
- 1汤匙黑胡椒粉
- 盐

糖霜：

- 500克橙汁
- 1个辣椒，切碎
- 1汤匙红酒醋
- 1汤匙蜂蜜
- 1汤匙豆浆
- 2汤匙特级初榨橄榄油

烤箱预热至200℃。将红薯块表面每隔2厘米交叉相切，深切但不要切断皮。

准备糖霜：小碗内混合橙汁、蜂蜜、红酒醋、辣椒碎、豆浆、橄榄油，混合搅拌，直至顺滑。

将红薯放在覆盖有烘焙纸的烤盘上，用甜点刷将1/3糖霜刷在红薯上，放入烤箱中烤15分钟。取出后再刷1/3糖霜再烤15分钟，最后刷上剩下的糖霜（留少许摆盘用）再烤15分钟。烤至红薯柔软，并呈现焦糖色。

在烤好的红薯表面刷满最后剩下的糖霜，撒上盐、黑胡椒粉、薄荷叶、栗子块，即可享用。

来自希腊

青柠炒西蓝花

西蓝花中含有丰富的对身体有益的营养素：维生素C、铁、磷和镁。由于它强大的抗氧化能力和提高免疫力的作用而被推荐食用。它还可以帮助人体战胜胃炎和溃疡。由于它含硫，有人不太喜欢它的味道。为了避免这一点，只需在水中挤入柠檬汁即可。

准备时间：10分钟

烹饪时间：15分钟

适合2人食用

- 1棵西蓝花，切小块
- 30克水萝卜，切小圆片
- 30克椰枣，去核，切片
- 1个青柠檬，挤汁
- 1小把新鲜莳萝
- 2汤匙特级初榨橄榄油
- 黑胡椒粉
- 盐

在平底锅中加热橄榄油，大火炒西蓝花，随后盖上锅盖，时不时搅拌一下。加入1/2青柠汁，炒至半熟。

随后加入椰枣、水萝卜片和柠檬切片，用盐和黑胡椒粉调味。炒熟后摆盘，表面用莳萝装饰。温食或冷食均可。

烤菜花佐鹰嘴豆泥

我喜欢菜花，它的味道质朴且甘甜。它与那些具备独特口味的配料，比如鹰嘴豆泥，可以形成完美组合。

准备时间：5分钟

烹饪时间：40分钟

适合4人食用

- 1棵完整的菜花（带叶）
- 1汤匙盐
- 6汤匙特级初榨橄榄油

鹰嘴豆泥：

- 250克熟鹰嘴豆
- 1/2个柠檬，挤汁
- 4汤匙特级初榨橄榄油
- 1汤匙芝麻酱
- 1瓣大蒜
- 1汤匙小茴香

烤箱预热至200℃。将整个菜花放入盐水中煮沸10分钟。

制作鹰嘴豆泥：把鹰嘴豆和其他食材放入搅拌机中搅打。

用漏勺将菜花取出。在烤盘上铺上烘焙纸，放上菜花，用手给菜花均匀地涂抹上橄榄油，撒上盐，放入烤箱中烤30分钟。佐鹰嘴豆泥享用。

海鲜

金枪鱼配开心果

世界上最好的开心果产于一个小村庄——勃朗特（Bronte），它位于埃特纳火山脚下，西西里大区的卡塔尼亚市（Catane）旁边。开心果也以“绿金子”的名字而闻名。你可以通过观察它饱满的形状、翡翠般浓厚的绿色和紫色光泽从而认出一颗符合标准的开心果。这道菜的口味趋于柔和，新鲜的鱼与坚果香气形成完美融合。

冷冻时间：1小时
准备时间：10分钟

烹饪时间：2分钟

4人份

· 600克新鲜金枪鱼肉
· 5汤匙特级初榨橄榄油
· 30克面包屑
· 100克开心果（磨粉）
· 40克油浸番茄干（罐头装）
· 半汤匙芥末酱
· 1小把新鲜的或干百里香
· 250克原味开心果，切碎
· 盐

把金枪鱼放在冰箱里冷冻至少1个小时，这样它会比较好切。将金枪鱼竖切成3厘米厚的片，用3汤匙橄榄油调味。

用吸油纸将油浸番茄干多余的油脂吸去，然后细切。混合开心果粉、番茄干、百里香、芥末酱和面包屑，搅拌后撒上盐调味。把金枪鱼片每面都涂上此混合物。

在炒锅里加热2汤匙橄榄油，当油变热，放入金枪鱼片两面煎。最重要的是不要煎太长时间，要保持鱼肉的粉红色和柔嫩的口感。煎好后摆盘，撒上开心果碎并马上享用。

填馅安达卢西亚乌贼

瓜迪克斯（Guadix），位于安达卢西亚内华达山脉的北部山麓脚下，是一座安达卢西亚摩尔人居住的城市，是抵御西班牙征服之战的最后的阿拉伯堡垒。填馅乌贼的颜色令人联想到阿尔卡萨瓦这座要塞，其轮廓与傍晚天空的晚霞彼此映衬。

 **准备时间：30分钟**

 **烹饪时间：45分钟**

适合4人食用

- 4只大乌贼（每只约80克）
- 1个洋葱，切碎
- 1根胡萝卜，切碎
- 3个番茄
- 2个鸡蛋（熟）
- 1小袋藏红花
- 1小把欧芹，切碎
- 5汤匙面包屑
- 6汤匙特级初榨橄榄油
- 200克芦笋
- 20克椰子粉
- 适量葡萄干（在热水里浸泡10分钟）
- 黑胡椒粉
- 盐

切掉乌贼的触手，将乌贼放入搅拌器内搅打。开水煮鸡蛋9分钟，然后放入凉水中冷却，剥去蛋壳。

在大锅中放入3汤匙橄榄油，油热后放入洋葱碎煎3分钟，再放入胡萝卜，转中火加热5分钟，再加入搅打好的乌贼，煎5分钟，关火。将馅料盛在一个大碗里，加入3汤匙面包屑。

将1个熟鸡蛋的蛋黄和蛋白分别切碎，在碗中混合搅拌。将另1个鸡蛋和欧芹放在另外的碗里搅拌。将2汤匙面包屑、切碎的蛋黄蛋白、鸡蛋欧芹混合物以及乌贼混合，制成馅料，用盐和黑胡椒粉调味。将填馅装满乌贼鱼身，并用牙签封口。

准备番茄酱汁：用3汤匙橄榄油煎胡萝卜和剩下的洋葱。番茄去皮，切块后入锅。将藏红花在1汤匙开水中溶解后入锅，最后放入塞满馅料的乌贼。加盖，中小火焖30分钟，不时摇动锅以防粘锅。

另取锅，用开水煮芦笋和葡萄干3分钟。乌贼煮熟后装盘，切片，用番茄酱汁、芦笋、葡萄干、椰子粉进行装饰。

摩洛哥鳕鱼馅饼

摩洛哥馅饼起源于早期的西班牙伊斯兰教，在格拉纳达陷落之后，在马格里布避难的穆斯林带来了他们的烹饪传统，其中就包括馅饼。这道菜传统的做法是用鸽子肉烹饪，不过也可以使用鸡肉或鱼肉。这道菜升华了甜和咸的混搭滋味。

准备时间：20分钟

烹饪时间：50分钟

适合6人食用

- 250克菲乐酥皮（filo）
- 融化黄油
- 1汤匙特级初榨橄榄油
- 750克鳕鱼
- 2个洋葱，切碎
- 2瓣大蒜，切碎
- 1汤匙姜粉
- 1/2汤匙肉桂粉
- 1/2汤匙姜黄粉
- 1小撮藏红花
- 500毫升鱼露
- 4个鸡蛋，搅拌
- 75克生杏仁
- 75克椰枣，去核，切碎
- 1汤匙橙花水
- 1汤匙橙皮
- 1汤匙香菜，切碎
- 盐，黑胡椒粉
- 糖霜

哈里萨酱汁（Harissa）：

- 200克希腊酸奶
- 6汤匙牛奶
- 3把新鲜薄荷叶，切碎
- 2汤匙辣酱

在锅中加热橄榄油，放入鳕鱼煎3分钟，先煎鱼肉那面，直到肉质变松脆，翻面再煎鱼皮那面，取出后待用。在同一口锅中用文火加热黄油，放入洋葱煎5分钟，加入大蒜、香菜、姜粉、肉桂粉、姜黄粉、藏红花、盐、黑胡椒粉，再多煎几分钟。把鳕鱼再放回锅里，倒入鱼露，待其融合，盖上锅盖再煨5分钟。将鱼肉取出后细切，剩下的汤汁用文火加热10分钟，待其收汁至一半。

将搅拌好的鸡蛋液倒入刚才的汤汁中，用温火加热至汤汁和鸡蛋呈炒蛋状。放入杏仁、椰枣、橙花水、橙皮和细切的鱼肉，关火，晾置15分钟。

烤箱预热至180℃。将融化黄油涂抹在酥皮上，再把酥皮铺在烤盘上。在第二张酥皮上再涂上黄油，与第一张酥皮呈直角放置。把剩下的2张酥皮同样涂上黄油，呈对角线放置。

把馅料放在酥皮上，折叠酥皮边缘以包裹住馅料。将剩下的2张酥皮切成盘子大小，也涂上黄油，包裹住馅饼。放入烤箱烤30分钟。

将调制哈里萨酱汁的调料混合。最后在晾凉的馅饼上撒上糖霜和肉桂粉，搭配哈里萨酱汁享用。

西班牙海鲜饭（Paella）

Paella原指烹饪海鲜饭的铁锅，为了更好地承重，人们将原来的单柄形改造成现在的双耳形。海鲜饭是西班牙瓦伦西亚的传统食物，依据传统，人们会在午饭时食用海鲜饭，而不是晚饭。通常在周日，一家人围坐在壁炉前享用这份佳肴。

 **准备时间：20分钟**

 **烹饪时间：30分钟**

适合4人食用

- 1公斤牡蛎
- 500克鱿鱼圈，洗净
- 10只龙虾
- 8只虾，去皮
- 1个洋葱，去皮，切碎
- 1瓣大蒜，去皮
- 400克烩饭用米
- 适量番茄酱
- 1.2升鱼汤
- 40毫升特级初榨橄榄油
- 2小袋藏红花
- 1粒丁香
- 1汤匙辣椒粉
- 1根香草荚，取籽
- 1个新鲜辣椒，去籽，切碎
- 1个西柚，榨汁
- 1个青柠，取皮屑
- 1小把欧芹
- 黑胡椒粉
- 盐

牡蛎入锅，倒入20毫升橄榄油，盖上锅盖大火加热5分钟，直至贝壳张开。倒出牡蛎汤汁备用。将2/3的牡蛎去壳，剩下的保留贝壳备用。

在大锅内倒入20毫升橄榄油，放入龙虾和去皮后的虾仁，中火加热至熟。取出龙虾和虾仁放在一旁备用，始终保证它们是热的。在同一口锅内放入洋葱和大蒜，煎至金黄色，放入鱿鱼圈烹饪5~10分钟，加入番茄酱、新鲜辣椒，搅拌2~3分钟。加入烩米并逐渐倒入鱼汤，煮至半熟。倒入刚才备用的牡蛎汤汁，放入辣椒粉、香草籽、丁香、西柚汁、藏红花、盐、黑胡椒粉、去壳的牡蛎。盖上锅盖，注意不要搅拌。

当米煮熟之后放入虾仁，把龙虾摆在上面，再码放好带壳的牡蛎，撒上欧芹和青柠皮屑，即可享用。

来自西班牙

加利西亚煨章鱼

准备时间：30分钟

烹饪时间：1小时

适合6人食用

- 1.5公斤章鱼
- 500克土豆，去皮，竖切成4毫米厚片
- 1个白洋葱，切碎
- 1小把欧芹，切碎
- 1汤匙辣椒粉
- 1汤匙甜椒粉
- 200毫升特级初榨橄榄油
- 3棵洋蓟，去皮，各切4块
- 1个柠檬，挤汁，擦皮屑
- 150毫升蔬菜汤
- 1瓣大蒜
- 盐

将一大锅盐水加热至沸腾，把章鱼触角在沸水中多蘸几次，待其顶端变弯曲。将章鱼放入锅中煮50分钟，时不时用牙签来试一下煮熟的程度，章鱼应该煮至柔软但结实的质感。将章鱼取出后切成2厘米厚的圆段，将煮水倒在大碗里晾置。

取一口砂锅，中火加热5汤匙橄榄油，放入洋葱和大蒜，再放入洋蓟块、柠檬汁、盐、蔬菜汤，盖上锅盖煮15分钟，直到汤汁收干。

向锅内倒入煮章鱼的水，加热至沸腾，放入土豆片焯5分钟，不要焯太久，要保持土豆的坚硬，沥水后晾凉。

把土豆片铺在盘上，其上放置章鱼段和洋蓟，淋上少许橄榄油，撒上欧芹、甜椒粉和辣椒粉即可。

来自西班牙

加泰罗尼亚虾

准备时间：10分钟

烹饪时间：10分钟

适合8人食用

- 800克虾
- 100克芝麻菜
- 2个红洋葱，切薄片
- 200克樱桃番茄，各切四块
- 1汤匙红酒醋
- 4汤匙特级初榨橄榄油
- 1小把新鲜罗勒，用手撕碎
- 2瓣大蒜，去皮，压碎
- 1汤匙八角
- 1汤匙肉豆蔻
- 黑胡椒粉
- 盐

将洋葱片放在碗里，用冷水没过，倒入红酒醋以去除洋葱的苦味。

将樱桃番茄放在碗里，加入盐和2汤匙橄榄油，以及撕碎的罗勒，搅拌。

把芝麻菜均匀地撒在盘子上。将虾放入锅中，用剩下的橄榄油烹饪，放入大蒜碎、肉豆蔻、八角，每面煎2分钟。

将洋葱取出。把虾和洋葱码放在芝麻菜上，再放上樱桃番茄块，淋上少许橄榄油，马上享用。

土豆凤尾鱼大麦蛋糕

人类认识的第一粒种子就是大麦。在这块蛋糕中简单地加入了凤尾鱼和土豆，从而升华了大麦的原味，它独特的酥脆切片中的馅料绝对超出了你的想象力！

准备时间：10分钟

烹饪时间：1小时10分钟

适合6人食用

- 200克珍珠麦[1]
- 2个大土豆（煮熟）
- 200克炼乳
- 50克帕尔玛干酪碎（Parmesan）
- 2个鸡蛋
- 1汤匙肉豆蔻（碾碎）
- 6汤匙初榨橄榄油
- 4条油浸凤尾鱼（罐头装），沥干油脂后细切
- 1小把新鲜龙蒿
- 20克半咸黄油
- 黑胡椒粉
- 盐

烤箱预热至200℃。将鸡蛋打散。

在沸腾的盐水中煮珍珠麦，20分钟后关火，盖上锅盖焖10分钟，令其膨胀，捞出沥水，放在一旁备用。

碾碎土豆，加入炼乳、帕尔玛干酪碎、打散的鸡蛋、龙蒿（留少量稍后摆盘用）、凤尾鱼和肉豆蔻。最后加入沥干的珍珠麦和橄榄油，用盐和黑胡椒粉调味。

给圆形蛋糕模具内涂上黄油，再薄薄的均匀地填上珍珠麦混合物，放入烤箱中烤45分钟直到蛋糕变成完美的金黄色。撒上剩余龙蒿做装饰。温食或冷食皆可，常温下可以保存2天。

注1：即圆形大麦米，是经研磨除去外壳和麸皮层的大麦粒。

红色水果鲭鱼

蓝色的脊背，银色的肚子和不规则深蓝色条纹林立的鱼身，鲭鱼的浓郁美味使它成为地中海饮食中的精华，尤其是其富含Omega-3。这道菜中，红色水果的酸味又与这浓郁的鲜味形成强烈对比，榛子的加入更为其增添了别样的风采，而核桃的故乡本就是意大利北部。享用这道菜只需佐以一份简单的绿色沙拉。

准备时间：10分钟

烹饪时间：35分钟

适合6人食用

- 4块新鲜鲭鱼鱼脊肉
- 350克红色水果（混合）
- 40克黄油
- 1个白洋葱，切碎
- 1瓣大蒜，去皮
- 1棵香芹，切碎
- 120毫升桃红葡萄酒
- 1汤匙蔗糖
- 1小把新鲜香菜
- 50克榛子
- 黑胡椒粉
- 盐

烤箱预热至180℃。将榛子放入烤箱中烤5分钟，然后切碎。

把鲭鱼肉放在铺好烘焙纸的烤盘上。将3/4数量的红色水果放在搅拌机里打碎。

在平底锅内用文火融化黄油，放入洋葱、香芹、大蒜，煎10分钟，倒入桃红葡萄酒，加入蔗糖、红色水果混合物、盐和黑胡椒粉，最后撒上1/2束香菜。将这些食材倒在鱼肉上，放入烤箱烤10分钟。

烤好后取出，撒上剩余的红色水果，放入烤箱再烤10分钟。最后撒上剩余的香菜和烤榛子碎，趁热享用。

皮塔饼裹腌海鲷鱼

我喜欢用橄榄油和柠檬腌制海鱼，口感堪称奇迹——鱼的味道脱颖而出，而味蕾的刺激紧随其后。

准备时间：10分钟

冷藏时间：30分钟

适合2人食用

- 350克海鲷鱼，去骨，去皮，切块
- 2块皮塔饼
- 1个红洋葱，切小丁
- 40克姜，切碎
- 1个黄甜椒，切小丁
- 1个辣椒
- 1个橙子，去皮后榨汁
- 1个柠檬，挤汁
- 1小把鼠尾草，粗切
- 1小把香菜，细切
- 1汤匙干牛至
- 80毫升红酒醋
- 2汤匙蔗糖
- 1汤匙盐
- 1/2汤匙黑胡椒粉
- 4汤匙希腊酸奶

把鱼肉和皮塔饼之外的食材混合，静置10分钟。

把鱼肉和混合好的食材用保鲜膜封好，放入冰箱腌制至少30分钟。把食材分成两部分，分别夹在2块皮塔饼里，再放入烤箱中快速烤制。这道美食是野餐时的绝好选择。

盐渍狼鱼

这道摆盘像盐山一样的菜一上桌就让人觉得好像有宝藏要去发掘。为了达到“壮观”的效果，我们可以用一把小锤子来敲开它，接下来你便会体会到鱼肉的温柔口感。

 **准备时间：30分钟**

 **烹饪时间：40分钟**

适合4人食用

· 1条约1.2公斤的狼鱼，清理干净
· 1公斤粗盐
· 1公斤细盐
· 4个蛋白
· 1个柠檬，挤汁，切片
· 1小把新鲜迷迭香，切碎
· 1小把新鲜欧芹，切碎
· 1小把罗勒，切碎
· 1头大蒜

烤箱预热至180℃。

将蛋白打发至雪状，加入盐、一半的新鲜香草（迷迭香、欧芹、罗勒混合）、柠檬片。

将粗盐与细盐混合。在烤盘上铺好烘焙纸，撒上一层2厘米厚的混合盐打底。把半头大蒜和剩下的混合香草以及柠檬片都填充到鱼肚子里。

把鱼放在盐床上，用剩下的混合盐覆盖鱼身，轻拍以快速入味。再把蛋白混合物涂抹在鱼身上。把剩余的大蒜放在烤盘一角做装饰。将烤盘放入烤箱中烤40分钟，之后敲碎盐壳，即可享用温热的美味。

家禽&红肉

来自摩洛哥

三角酥

这种酥脆的形如雪茄般的点心是用非常薄的面皮制作而成，并用混合了香料的肉类填充后卷起来。你还可以简单地用米、鸡蛋、香料或者蔬菜和山羊奶酪来卷。

准备时间：20分钟

烹饪时间：20分钟

15块三角酥

- 2张酥皮面饼
- 600克牛肉碎
- 1个洋葱，切碎
- 1小把新鲜香菜，切碎
- 1小把新鲜欧芹，切碎
- 2汤匙葵花籽油或花生油
- 2个鸡蛋+1个蛋白
- 2汤匙红糖+1小汤匙红糖（用于装饰）
- 4汤匙肉桂粉
- 200毫升食用油
- 黑胡椒粉
- 盐

在锅中加热葵花籽油，放入洋葱、欧芹和香菜，当洋葱开始上色后，加入盐和黑胡椒粉。再放入牛肉，煎10分钟，直到渗出的液体被蒸发。用红糖混合2个鸡蛋以及2汤匙肉桂粉，与煎好的牛肉混合，用木制抹刀搅拌，依据个人口味加入盐和黑胡椒粉，晾置。

将酥皮切成宽8厘米的正方形。叠加2片酥皮，在上面放上肉馅，然后卷起来，用蛋白液封口。在热油中煎肉卷，当呈现金黄色时取出（约煎10分钟）。食用前撒上红糖、香菜和肉桂粉。

意式牛肉饼

这道多变的料理从冰箱里拿出来就可以当作午餐或者带去野餐。
一片入味的牛肉，佐以一份当季沙拉，带来满满的幸福感。我建议至少提前一天做好，剩下的密封好可放入冰箱里冷藏保存一周。

准备时间：25分钟

烹饪时间：1小时30分钟
冷藏时间：3小时

适合6人食用

- 500克小牛肉，切成小块
- 50克杏仁（压碎）+1汤匙杏仁（装饰用）
- 80克佩科里诺羊奶酪（Pecorino），磨碎
- 200克烤火腿片（或熏火腿）
- 75克新鲜山羊奶酪（Chèvre），磨碎
- 100克意式肉肠，切片
- 1棵西芹茎，切碎
- 2个柴鸡蛋
- 1汤匙干牛至
- 1小把新鲜薄荷，切碎
- 1小把新鲜迷迭香，切碎
- 1小把芝麻菜
- 20克室温黄油
- 黑胡椒粉
- 盐

烤箱预热至180℃。在蛋糕模具内抹上黄油。用擀面杖擀平牛肉，取四分之一牛肉在模具底部铺平，放上一半杏仁、盐和黑胡椒粉，撒上一部分羊奶酪。

将100克烤火腿片和35克山羊奶酪作为另一层，撒上盐、黑胡椒粉、西芹和羊奶酪。再铺一层意式肉肠（50克），撒上盐、黑胡椒粉、西芹和羊奶酪。再铺最后一层牛肉。

将鸡蛋、牛至、肉豆蔻和一半薄荷、一半迷迭香一起打碎，大部分倒入模具中。

重复叠加，每一层都撒上盐和黑胡椒粉、西芹和羊奶酪。在放入最后一层牛肉后加入1汤匙杏仁，将剩下的鸡蛋混合物倒入模具。将模具放在深烤盘里，在烤盘内加水至模具的一半高度，放入烤箱中烤1小时30分钟。

从烤盘中取出模具，将模具里渗出的肉汁倒在一个碗里，晾凉，然后放在冰箱里冷冻。将肉糜留在模具中，用一层烘焙纸盖好，其上用保鲜盒压住，晾凉之后放在冰箱里冷藏一夜（至少3个小时）。

给牛肉饼除模，切成片。食用前撒上剩下的食材，佐以冻肉汁、新鲜芝麻菜享用。

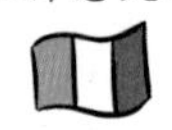

红焖小牛膝（Osso Buco）

这是一道意大利经典名菜，其令人垂涎欲滴的魅力，树立了它在米兰传统菜肴中的威望。

 **准备时间：20分钟**

 **烹饪时间：1小时10分钟**

适合4人食用

焖小牛膝肉（Osso buco）：
- 1.6公斤小牛腿肉
- 1个黄洋葱，切碎
- 8汤匙特级初榨橄榄油
- 100毫升白葡萄酒
- 50克黄油
- 1小把新鲜迷迭香，切碎
- 1升鸡汤

格莱莫拉塔风味酱汁（Gremolata）：
- 3瓣大蒜
- 1个柠檬，擦皮屑
- 1把欧芹，切碎

意大利烩饭（Risotto）：
- 320克短粒意大利烩米（Carnaroli）
- 50克黄洋葱，切片
- 100克黄油
- 80克格瑞纳帕达诺奶酪（Grana Padano）
- 50毫升白葡萄酒
- 1克藏红花（其中0.5克作装饰用）
- 1升鸡汤
- 2棵洋蓟
- 1个柠檬
- 盐，黑胡椒粉

在平底锅内加热橄榄油，放入洋葱煎至呈现焦糖色，随后倒入白葡萄酒，加热到其蒸发，关火。沿牛肉的结缔组织切成3块，放入另一口平底锅中用热油煎2~3分钟至变色。把牛肉放入之前煎洋葱的锅里，加入500毫升鸡汤，撒上迷迭香，盖上锅盖，中火焖35分钟。

将洋蓟剥皮，每面切成8块。锅中倒水，挤入柠檬汁，将洋蓟块放入，加热焯一下。

用抹刀搅动牛肉，要避免把煮熟的骨髓搅拌出来，倒入余下的500毫升鸡汤，加热35分钟，关火。放入黄油，把3瓣大蒜分别放在3块牛肉上，再放入柠檬皮屑和欧芹，盖上锅盖焖一会儿。

在一口大锅内融化30克黄油，另一口小锅融化30克黄油。把洋葱分别放在两口锅里，煎10分钟至呈现金黄色。将洋蓟放入小锅内，烩米放入大锅内，各加热3分钟。将大锅火力调大，将白葡萄酒倒入米锅里。两口锅中分别加入盐和黑胡椒粉调味。当白葡萄酒蒸发，在米锅和洋蓟锅里逐渐倒入热汤，搅拌米饭直到汤汁被吸收完全。煮至半熟时，把小锅中2/3洋蓟撒在米饭上。把一半藏红花放在半杯汤中稀释，倒在米饭上。当米饭熟了之后(需要15~18分钟)，关火，撒上奶酪碎和剩下的黄油，静置几分钟。把烩米倒在平盘中，放入剩下的洋蓟和牛肉，用剩余的藏红花做装饰，趁热享用。

鸡排烤桃子

一旦我有了一道菜中的主要食材——在这道菜中是鸡肉和桃子——我就会即兴创作。在这道菜中，我用红甜椒和开心果蛋黄酱来搭配主要食材，这两样配料简单好用。蛋黄酱需要提前24小时制作并保持新鲜，食用前加入少许植物油能让它口感新鲜。如果你的蛋黄酱看起来很油且厚重，不妨加入几滴冷水并搅拌。

准备时间：30分钟

烹饪时间：1小时20分钟

适合6人食用

- 2个桃子，取果肉
- 1汤匙干牛至
- 36克面粉
- 1汤匙盐
- 1个柠檬，去皮，榨汁
- 1/2汤匙黑胡椒粉
- 4块鸡胸肉
- 8汤匙橄榄油
- 2瓣大蒜，切碎
- 200毫升白葡萄酒
- 1小把新鲜鼠尾草

开心果蛋黄酱：

- 2个柴鸡蛋，取蛋黄
- 1汤匙第戎芥末酱
- 1汤匙白葡萄酒醋
- 200毫升植物油
- 50克开心果粉
- 1/2个柠檬，榨汁
- 盐，黑胡椒粉

酸甜彩椒：

- 4汤匙橄榄油
- 1个白洋葱，大个，切碎
- 2个彩椒（不同颜色），切段
- 2汤匙白葡萄酒醋
- 1汤匙盖朗德“盐之花”海盐
- 1小把新鲜鼠尾草，切碎

烤箱预热至180℃。把桃肉放在铺好烘焙纸的烤盘上，果肉面朝下，放入烤箱中烤15分钟。取出后撒上牛至。将烤箱温度调到140℃。

制作开心果蛋黄酱：将蛋黄、芥末酱和白葡萄酒醋一起打发，一点点地加入植物油，再打发10分钟。撒上开心果粉、柠檬汁、盐和黑胡椒粉。

制作酸甜彩椒：在大锅中用中火加热橄榄油，放入洋葱煎6~7分钟。放入彩椒，煎5分钟，倒入200毫升水，大火煮15分钟直到蔬菜变成焦糖色，如果干了的话再加水。倒入白葡萄酒醋再煮5分钟，之后撒上“盐之花”海盐和鼠尾草，放一旁待用。

在一个塑料袋里混合面粉、海盐、柠檬片和黑胡椒粉。将鸡胸肉切大块，放入塑料袋中摇动。大锅内中火热油1分钟，放入大蒜煸炒1分钟至变色。放入鸡肉煎2分钟，倒入柠檬汁调味并翻转几次。将鸡肉装盘并放入烤箱保温。

在锅中大火加热白葡萄酒醋至沸腾，加入海盐、鼠尾草、大蒜煮一会儿，之后取出大蒜。把葡萄酒酱汁浇在鸡肉上，覆盖上桃子、开心果蛋黄酱和酸甜彩椒，即可享用。

咖啡风味烤兔肉

烤肉酱汁是意大利马尔凯地区特有的一种烹饪方式，在以白葡萄酒、橄榄油、大蒜和迷迭香为基底的酱汁中烹煮食物，这种做法来源于法式汤。此道菜中用咖啡做了调味，使酱汁更成型并且口有余香。

 **准备时间：10分钟**  **烹饪时间：45分钟**

适合6人食用

- 1公斤兔肉，切块
- 100克肥肉丁或培根
- 5瓣大蒜，去皮
- 100毫升白葡萄酒+2汤匙（调汤）
- 2汤匙红酒醋
- 2杯意式特浓咖啡（Espresso）
- 4汤匙特级初榨橄榄油
- 1小把新鲜迷迭香
- 咖啡豆
- 黑胡椒粉
- 盐

烤箱预热至180℃。

用流动水把兔肉冲洗干净，然后浸泡在等份混合的白葡萄酒和红酒醋中，之后取出并用吸水纸擦干。

将培根切小块。在铸铁锅内加入橄榄油和大蒜，大火煎培根。随后放入兔肉，煎5分钟直到均匀地呈现金黄色。再加入盐、黑胡椒粉、1/3迷迭香和剩下的大蒜（压扁），最后加入白葡萄酒、意式特浓咖啡和1/3迷迭香。将铸铁锅放入烤箱中烤30分钟，肉应该烤至变色但依然柔软。依个人口味加入盐和黑胡椒粉，再撒上剩下的迷迭香和咖啡豆，趁热享用。

Chakchouka

在地中海饮食中不得不提的配菜之一就是Chakchouka（方言发音），它很像炖菜（132页），由炒蔬菜和荷包蛋组成。用酥脆的面包蘸着吃非常美味！

 **准备时间：5分钟**

 **烹饪时间：20分钟**

适合4人食用

- 1公斤番茄，切碎
- 8个鸡蛋
- 1个洋葱，切碎
- 1瓣大蒜，切碎
- 1汤匙番茄酱
- 1/2汤匙茴香
- 1/2汤匙甜辣椒粉
- 1/2汤匙辣椒粉
- 100克新鲜豌豆
- 1小把香菜，切碎
- 6汤匙特级初榨橄榄油
- 1/2汤匙盐

锅中倒入橄榄油，中火加热，放入番茄和洋葱，加入盐、茴香、甜辣椒粉、番茄酱、辣椒粉、豌豆，同煮15分钟，边煮边搅拌。

把以上混合物的一半倒入搅拌机中搅拌，然后再将其放回锅内。打蛋入锅，调至文火，再煮7~10分钟。最后撒上香菜和少许盐。

用刚出炉的面包蘸此美味，趁热享用。

米兰风味煎牛肉

为了达到完美，小牛肉要煎到每部分都呈现金黄色。作为米兰饮食的精粹，只需挤上几滴柠檬汁就很美味了。做法无比简单。

准备时间：15分钟

烹饪时间：6分钟

适合4人食用

- 4片小薄牛肉片
- 40克芝麻
- 40克开心果粉
- 100克面包屑
- 20克面包条，切碎
- 30克帕尔玛干酪或格瑞纳帕达诺奶酪（Grana Padano），切碎
- 2个鸡蛋
- 40克面粉
- 澄清奶油（Beurre clarifié）[1]
- 1撮盐
- 2个柠檬（1个擦皮屑、榨汁，另1个用于装饰）
- 1小把新鲜欧芹，切碎

将烤箱预热至80℃。把面粉、芝麻、面包屑、开心果粉、面包条、帕尔玛干酪碎和鸡蛋分别放在7个不同的小碗里。

注意，在此阶段不要用盐腌制牛肉，否则肉质会变色和变老。

取一片牛肉蘸上面粉，摇晃一下去除多余的面粉。把裹了面粉的牛肉放在打碎的鸡蛋里，确保牛肉全部粘上蛋液。随后再蘸面包屑，轻压以确保面包屑更好地附着。再依次蘸取芝麻、开心果粉、帕尔玛干酪碎和面包条碎，最后放在一个大盘子里备用。剩余牛肉重复此步骤。

在一口深锅里加热澄清奶油。准备一个带有烤网的烤盘。

把2块牛肉轻轻放入澄清奶油中，每面煎90秒至呈现金黄色。把煎好的牛肉放在烤网上，撒盐后放入烤箱保温。其余牛肉重复同样步骤。

在煎好的牛肉表面撒上欧芹、盐、柠檬汁、柠檬皮屑，将1个柠檬切块，码放在牛肉上，即可享用。

注1：去除乳清后的融化奶油。

来自意大利和法国

地中海烤牛肉

拥有鲜嫩质感和美味，小牛腿肉具有多种特性并且可以用多种方式烹饪。作为一种不含脂肪的肉，用烤制的烹饪方法更能释放出它的甜味。

准备时间：15分钟

烹饪时间：1小时

适合6人食用

- 800克小牛腿肉
- 3根胡萝卜，切块
- 1个茴香头，切块
- 300克芹菜，切段
- 6汤匙特级初榨橄榄油
- 20克常温半咸黄油
- 1小把龙蒿
- 300毫升蔬菜汤或肉汤
- 黑胡椒粉
- 盐

烤箱预热至200℃。

用黄油、盐和黑胡椒粉按摩牛肉使其入味。在大锅里加热2汤匙橄榄油，放入牛肉每面煎5分钟。

将牛肉放到烤盘上，铺上茴香头块、胡萝卜块、芹菜段，用盐和黑胡椒粉调味，再倒入剩下的橄榄油和蔬菜汤，放入烤箱中烤45分钟。切片，温食或冷食皆可，吃时撒上龙蒿。

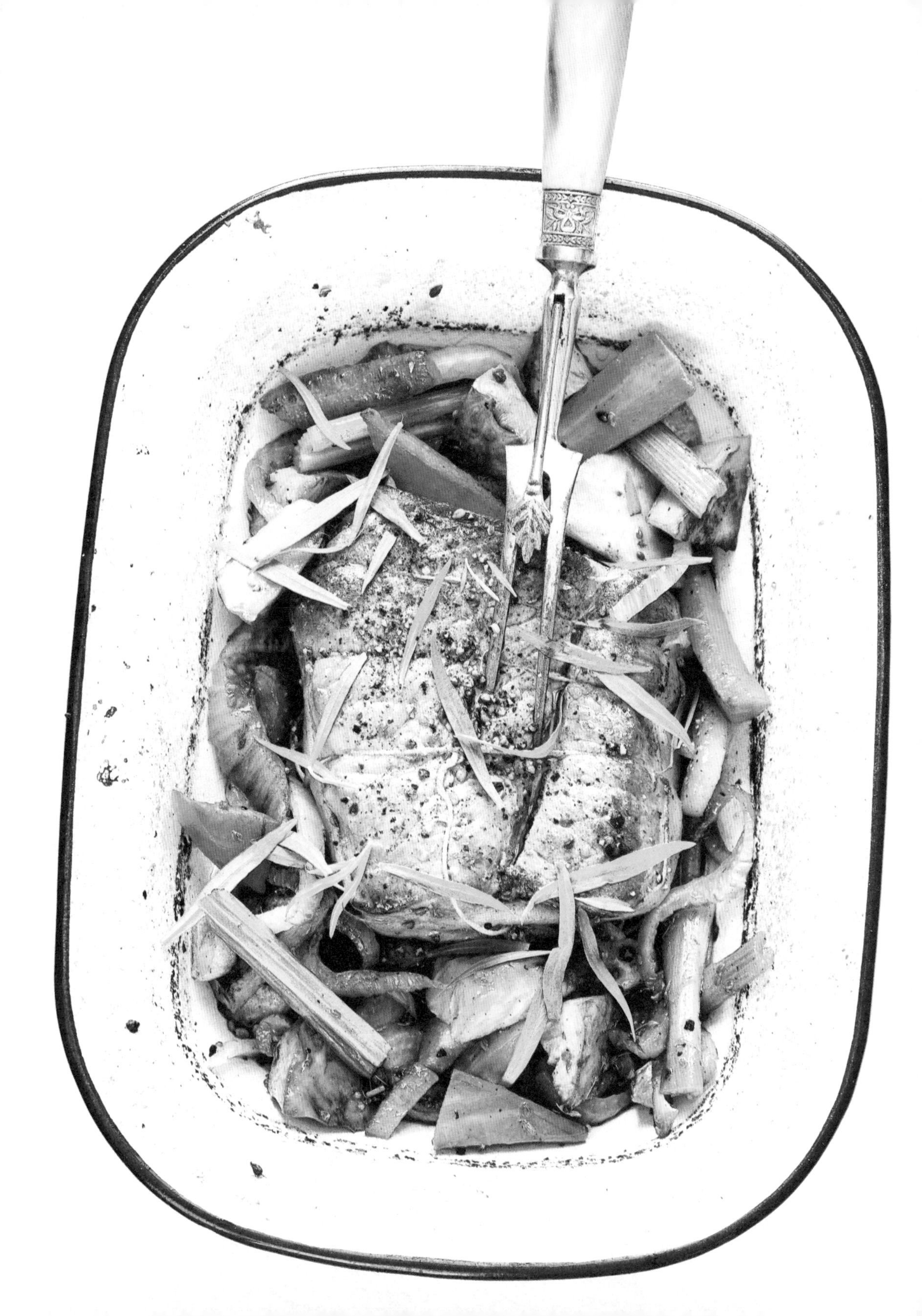

普利亚夹肉面包

堪为填饱一帮朋友的肚子最省钱的方式之一。这道夹肉面包是周末午餐的完美选择，还适合在草地上野餐时享用。

准备时间：25分钟

烹饪时间：30分钟

适合8人食用

- 250克猪肉，切碎
- 250克牛肉，切碎
- 150克意式肉肠，切块
- 1个鸡蛋+4个熟鸡蛋
- 1块斯卡莫扎奶酪(Scamorza)，或150克马苏里拉奶酪（Mozzarella），切块
- 6汤匙特级初榨橄榄油
- 70克开心果（无盐）
- 500克陈面包，粗切
- 1大把新鲜欧芹，切碎
- 100克帕尔玛干酪（Parmesan），切碎
- 1汤匙肉豆蔻
- 1个柠檬，挤汁，擦皮屑
- 20克原味黄油或半咸黄油
- 黑胡椒粉
- 盐

烤箱预热至180℃。

混合猪肉、牛肉、肉肠、鸡蛋、3汤匙橄榄油、帕尔玛干酪碎、肉豆蔻、柠檬汁、柠檬皮屑、2/3陈面包、盐、黑胡椒粉和欧芹。

在烤盘上铺上烘焙纸，撒上3汤匙橄榄油。用擀面杖将混合物在烤盘上擀平，再擀成30厘米长的方形饼状，中间放入熟鸡蛋、开心果、马苏里拉奶酪或斯卡莫扎奶酪。将肉饼卷成厚厚的香肠形状，表面撒上剩下的陈面包，涂抹上黄油，放入烤箱中烤30分钟。温食或冷食皆可，搭配一份沙拉享用。这道简单又美味的料理可以在冰箱中冷藏保存3天。

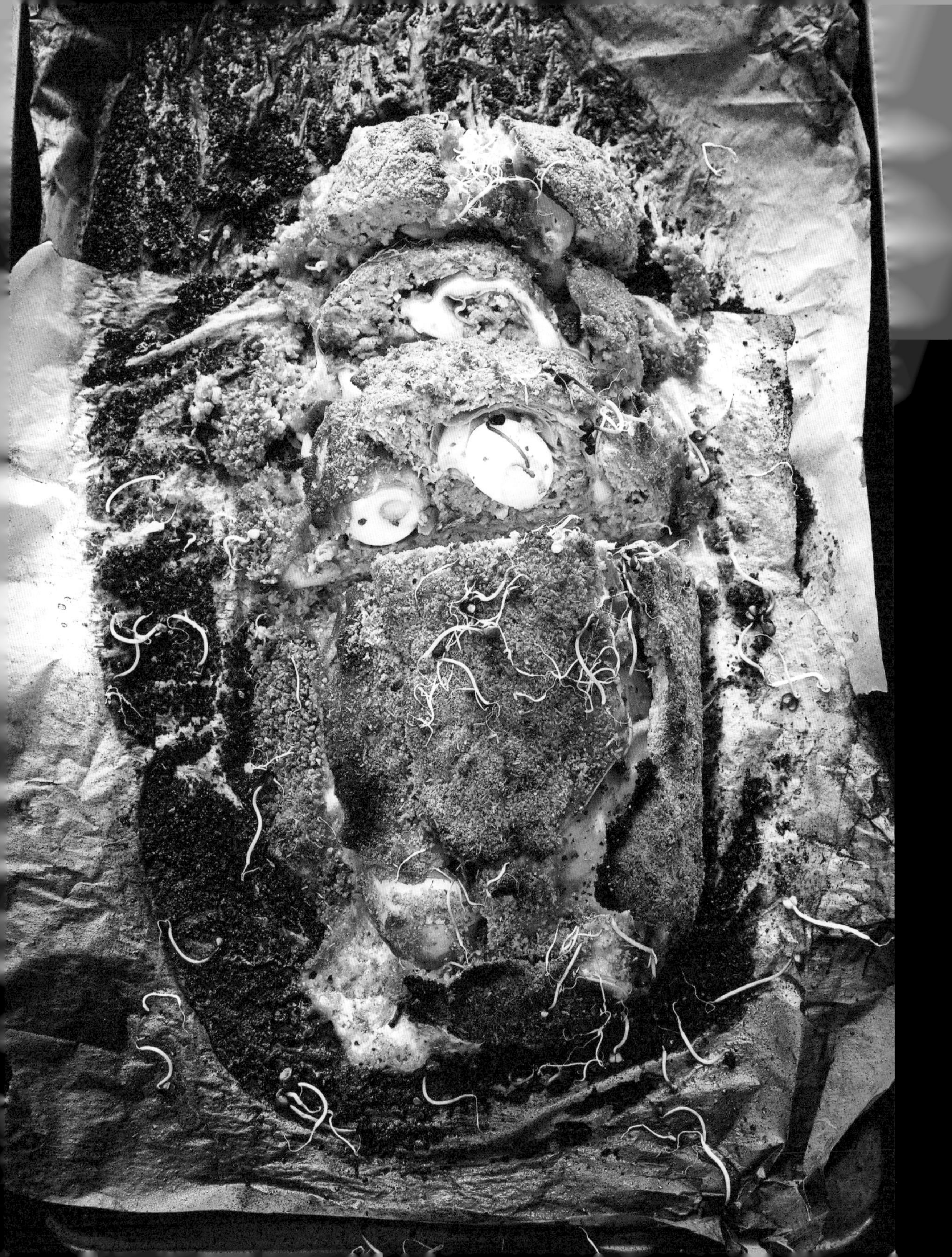

蜜饯柠檬栗子鸡塔吉锅

这道塔吉锅菜肴是由非洲的柏柏尔人创造的。由于它独特的形状使得食物在烹制过程中变得酥软并且味道更均衡，既朴实又浓厚。我这份创新菜谱的灵感来自于我在马拉喀什所住酒店的餐厅主厨Rachid Agouray。

准备时间：10分钟

烹饪时间：30分钟

适合8人食用

- 4个鸡腿，各切成2块，用酒点燃后火烧一下
- 3个大洋葱，切碎
- 4瓣大蒜，去皮，压碎
- 200毫升白葡萄酒或香槟
- 1小把新鲜西芹，切碎
- 1小把新鲜薄荷，切碎
- 1小把新鲜香菜，切碎
- 2个柠檬，各切8块
- 1个糖渍柠檬，粗切
- 100克黑橄榄（罐头装）
- 100克熟栗子
- 10粒藏红花花蕊
- 1汤匙磨碎的生姜
- 1汤匙磨碎的姜黄
- 6汤匙特级初榨橄榄油
- 250克库斯库斯米（Couscous）
- 30克杏仁

在塔吉锅中倒入橄榄油，中火加热大蒜和洋葱，放入鸡肉，待其每面都煎成金黄色后倒入白葡萄酒、一半欧芹、薄荷、香菜，以及4块柠檬、糖渍柠檬、黑橄榄和栗子。

当白葡萄酒被吸收，另取锅，在200毫升热水中稀释藏红花花蕊、生姜和姜黄，并将混合物倒入塔吉锅内搅拌成奶油状酱汁，煮30分钟。

在塔吉锅中食材煮熟前10分钟开始煮库斯库斯米饭。将鸡肉用剩下的香料和杏仁作装饰，趁热搭配米饭享用。

薄荷科夫塔

科夫塔是波斯语，意为“肉丸”，这是从奥斯曼时代就被人熟知的一种亚美尼亚传统美食。亚美尼亚餐桌上丰富的肉类食物得益于此地区古代的发展和繁荣的畜牧业，同时也促进了作为菜肴基底的奶制品的多样化。

准备时间：20分钟

烹饪时间：5分钟

适合4人食用

- 640克羊肉，切碎
- 1小把新鲜薄荷，切碎
- 1个辣椒
- 1小把百里香
- 1汤匙茴香
- 1汤匙中东综合香料Zaatar[1]
- 1个柠檬，擦皮屑
- 植物油
- 特级初榨橄榄油
- 2瓣大蒜
- 1个鸡蛋
- 50克腰果，压碎
- 1根黄瓜，切1厘米厚小丁
- 黑胡椒粉
- 盐

在碗里放入羊肉、切碎的薄荷、辣椒，加入百里香、茴香和柠檬皮屑、大蒜碎，细细地将混合物切碎，并用手大力混合搅拌。加入盐和黑胡椒粉调味，再放入综合香料并搅拌。

将混合物捏成每个约80克的8个肉丸，串在8支小签子上。在平底锅内加热植物油，将肉丸煎2分钟，随时翻动以保证肉丸受热均匀。煎好后摆盘，撒上腰果、百里香、黄瓜丁，趁热享用。建议用酸奶、百里香和少许橄榄油拌成酱汁佐餐。

注1：进口超市有售瓶装调料，可网购。

甜点

来自法国

杏挞

根据季节的不同你可以选用不同的水果：覆盆子、李子、无花果等。没有一定之规，毕竟每天的心情都不一样——如果今天下雨你不想出门采购，那就用厨房现有的食材也可以做出美味的水果挞。这里介绍一道最简单的食谱：面粉、油、水果和一点儿直觉。

准备时间：30分钟
冷藏时间：30分钟

烹饪时间：30分钟

适合6~8人食用

挞皮：

- 1个柴鸡蛋
- 100毫升特级初榨橄榄油
- 1汤匙酵母
- 50克红糖
- 250克黑麦面粉，过筛
- 1个橙子，取皮，切碎

馅料：

- 2个柴鸡蛋
- 70毫升全脂奶油
- 1个橙子，榨汁
- 20克细面包屑
- 8枚新鲜杏，去核，切片
- 50克红糖
- 1汤匙肉桂粉
- 马斯卡彭奶酪（Mascarpone）或奶油

准备挞皮：在搅拌机里混合鸡蛋、橄榄油、酵母和红糖，加入过筛后的黑麦面粉，简单搅拌一下形成面团。也可以用手和面，但是需要揉面速度更快。

将面团放入模具，按压面团使其完整覆盖模具底部和边缘，面团边缘要超出模具边缘2厘米，然后放入冰箱冷藏30分钟。烤箱预热至200℃。

准备馅料：混合打发鸡蛋、牛奶、橙汁。从冰箱里取出模具，在模具底部的挞皮上撒上细面包屑，倒入牛奶鸡蛋混合物。在表面放上杏肉，向内折叠面皮的边缘，撒上红糖。

将模具放入烤箱中烤25~30分钟，直到馅料变结实，面皮变酥脆。将烤好的挞放在烤网上晾置，撒上肉桂粉。佐马斯卡彭奶酪或新鲜奶油享用。

酥脆杏仁挞

这款蛋糕因它的酥脆口感而闻名，原名在古老的伦巴德方言里是“碎屑”的意思。从文艺复兴时代起，人们只在特别的场合和时刻才制作此蛋糕，比如婴儿的诞生，婚约的订立等。传统习惯是在食用前先用格拉巴酒（grappa）或甜葡萄酒将它浸湿。

准备时间：20分钟

烹饪时间：40分钟

适合8人食用

- 100克小麦粉
- 100克黑麦粉
- 200克玉米粉
- 200克整颗杏仁，其中150克去皮
- 50克杏干，切小块
- 200克红糖
- 200克常温原味黄油
- 1个柠檬，取皮，切碎
- 2个蛋黄
- 1根香草荚，取籽

烤箱预热至160℃。

将去皮杏仁研磨碎。把研磨好的杏仁、杏干和黄油放在一个碗里，加入三种面粉和柠檬皮屑并简单搅拌，再放入香草籽和150克红糖，用手再次搅拌以防止面团发热。

搅打蛋黄，与面团混合。准备一个直径约32厘米的模具，在模具内涂抹黄油，再放入三分之二的面团，并且尽量把面团弄碎。注意：不要将面团压实在模具底部。

再放入剩下的杏仁和面团，快速搅拌。最后撒上剩下的红糖，放入烤箱中烤40分钟。烤好后在烤网上晾置。常温下可以保存3天。

甜千层面

在我家，制作完千层面后，剩下的食材会被“复活”成很多种甜点！不要浪费任何食材，否则是一种罪过。此处我使用的不是番茄酱，而是蜜饯番茄，它和木瓜的味道很相似。香甜的奶油调味酱的加入使这道甜点颠覆了味蕾。

准备时间：20分钟

烹饪时间：1小时

适合6人食用

· 250克千层面面皮（干）

蜜饯番茄：

· 500克樱桃番茄（熟）
· 150克红糖
· 1汤匙肉桂粉
· 1汤匙柠檬汁

甜奶油味调味酱：

· 600毫升全脂牛奶+第二份（备用）
· 1根香草荚，取籽
· 1个柠檬，擦皮屑，切碎
· 50克原味黄油+抹烤盘用
· 50克面粉
· 1汤匙红糖
· 1汤匙新鲜肉豆蔻，切碎

装饰物：

· 50克白巧克力，切屑
· 少许薄荷叶

制作蜜饯番茄：在开水中焯番茄2分钟，沥干水分后再过一下冰水。将番茄去皮，切碎。锅中放入番茄、红糖、肉桂粉、柠檬汁，加热至沸腾，再用温火煮20分钟直到酱汁变浓厚。

烤箱预热至200℃。在烤盘内涂上黄油。加热牛奶、香草籽、柠檬皮屑，把面皮一片片小心地放入热水中，不要弄断，煮5分钟，用漏勺捞出后平铺在烤盘上。将锅中水倒掉，倒入600毫升牛奶。

另取锅，用中火融化黄油，加入面粉并搅拌使其变柔滑，加热5分钟待其变色。另加热牛奶，将热牛奶逐渐倒入黄油面粉混合物中并搅拌，使其变得细腻。用温火煨5分钟，同时搅拌。关火后用红糖和肉豆蔻装饰。用保鲜膜封好防止起皮。

将番茄蜜饯涂抹在烤盘底层。放入一层面皮，一层甜奶油调味酱，然后再铺一层面皮。重复此步骤直到铺至烤盘的高度。最后一步先铺面皮，再抹甜奶油调味酱，最后抹一层番茄蜜饯。放入烤箱中烤20分钟，烤好后撒上白巧克力碎屑，用薄荷叶装饰。

来自法国

饼干拿破仑
（燕麦、香草、草莓口味）

可以作为日常零食或餐后甜点。你可以享受提前准备的快乐——在冰箱里可以很好地保存它。

 **准备时间：30分钟**

 **烹饪时间：10分钟**

4块拿破仑

- 175克小麦粉
- 225克燕麦粉
- 1小袋香草味酵母
- 80克室温黄油
- 220克蔗糖
- 2个鸡蛋+1个蛋白（刷在面饼上）
- 50克核桃仁
- 50克开心果
- 1个柠檬，擦皮屑
- 1根香草荚，取籽
- 120克香草冰淇淋
- 100克草莓，切片
- 1撮盐
- 糖霜

在碗里打发黄油和蔗糖，直到呈浓厚奶油状。混合酵母、鸡蛋、香草籽、柠檬皮屑、盐和过筛后的两种面粉，用手和面直到面团变均匀，用保鲜膜包裹面团，放入冰箱冷藏20分钟。

烤箱预热至180℃。用擀面杖将面团擀成2~3厘米厚的面饼。用直径5厘米的圆形模具把面饼切成12个圆片，将它们放在烤盘上，彼此间隔一定距离。打发蛋白，之后涂抹在圆片上，其上装饰核桃仁和开心果。放入烤箱中烤10分钟，直到饼干呈金黄色。

制作拿破仑。将60克冰淇淋分别涂抹在4块饼干上，用一半草莓装饰并覆盖上另一块饼干。将剩下的冰淇淋和草莓重复此步骤，覆盖上剩下的饼干。将饼干拿破仑放入冰箱冷藏10分钟。食用前撒上糖霜。

葡式蛋挞

葡式蛋挞是由里斯本贝伦区的热罗尼莫修道院（Jeronimo）的修女在18世纪时发明的。贝伦原是里斯本附近的一座小城，现在是一片街区。1837年，一家甜点店开在了修道院不远处，地址就在今天的贝伦蛋挞店。直到今天，这道著名的甜点仍是使用修道院百年不变的独家食谱制成的。

准备时间：10分钟

烹饪时间：30分钟

12个蛋挞

· 2块酥皮面饼
· 500毫升奶油
· 160克白砂糖
· 9个蛋黄
· 1个柠檬，擦皮屑
· 5汤匙蔗糖
· 50克黄油

烤箱预热至250℃。将黄油融化并将其刷在蛋挞模具内。

将酥皮面饼叠加，卷起来，切成各约2厘米厚的12个小剂子。将每一个酥皮剂子分别放在一个模具里，用拇指将其按压到模具边缘的高度。

准备蛋挞液：混合蛋黄和白砂糖，撒入柠檬皮屑，倒入奶油。将此混合物倒入锅内，文火加热10分钟，并不停搅拌直到其呈现浓厚奶油状。

把蛋挞液分别倒入模具内，放入烤箱中烤20分钟，直到表面呈现金黄色。烤好后取出晾置，表面撒上蔗糖即可享用。

来自希腊

红色莓果冰淇淋

准备时间：5分钟

冷藏时间：2小时

适合6人食用

· 500克冷冻红色水果（可自行搭配）
· 200克新鲜红色水果：如草莓、覆盆子、醋栗、蔓越莓等。
· 80克糖霜
· 1个蛋白

在搅拌机内快速搅打冷冻水果、蛋白和糖霜。入盘后再放入冰箱冷藏至少2小时。

在食用前15分钟取出，装饰上新鲜红色水果。

来自土耳其

水果超级碗

准备时间：10分钟

适合6人食用

- 2个芒果，切大块
- 100克黑莓
- 100克蔓越莓
- 半个石榴，取籽
- 1个柠檬，挤汁
- 50克核桃，切大块
- 1小把薄荷，切碎

在碗里混合芒果、柠檬汁、核桃、1/2石榴籽和薄荷。

食用前再放入剩下的薄荷和1/2石榴籽、黑莓、蔓越莓和柠檬皮屑。

来自意大利

香梨派

梨是一种非常百搭的水果，一年中有半年的时间可以出现在我们的餐桌上。如果你在寻找烘焙的灵感，那么梨和巧克力的搭配会是一种不错的选择。酥脆的派皮中隐藏着丰富馅料的美味，与巧克力完美地融合在一起。

准备时间：40分钟
冷藏时间：1小时

烹饪时间：50分钟

8人份

饼皮：

- 150克斯佩尔特面粉[1]
- 150克米粉
- 100克核桃粉
- 2汤匙蔗糖
- 200克黄油
- 120克红糖
- 1个鸡蛋
- 盐

馅料：

- 1.2公斤梨
- 1/2个柠檬
- 3块花生黄油饼干
- 60克蔗糖+另备少量（用于装饰）
- 2汤匙朗姆酒
- 100克含75%可可的黑巧克力
- 20克新鲜奶油

在揉面机内混合斯佩尔特面粉、核桃粉、蔗糖、少许盐。加入黄油和红糖，揉至沙状，再加入鸡蛋，继续揉面，直至呈现顺滑均匀的面团。用保鲜膜封好，放入冰箱冷藏至少1小时。

烤箱预热至200℃。梨去皮，切片。将柠檬汁、蔗糖和朗姆酒混合在一起，倒在梨肉上。

在挞派模具内涂抹上黄油，将面团均匀地填满模具。放入梨肉，撒上饼干碎，用剩下的面团覆盖馅料并封口，并在中间戳一个洞用于排出蒸汽，撒上蔗糖。将模具放入烤箱底层烤10分钟，然后调至180℃再烤40分钟。

制作巧克力酱。用热水隔碗融化巧克力，加入鲜奶油令质地更浓稠。

温热时享用，佐巧克力酱。

注1：一种古老的谷物制成的面粉，甜而温和，适用于制作各种烘焙食品。进口超市有售。也可用其他小麦面粉或低筋面粉代替。

卡普里岛双巧克力蛋糕

1920年，在卡普里岛的一家手工作坊里，一位名叫Carmine di Fiore 的主厨在制作甜点的时候忘了加面粉，他就这样于无意中创造了那不勒斯甜点界的杰作，并且在最后被证明超级美味——外酥内软。在这里，对比原配方，我又加入了白巧克力、糖渍橙皮和橙花水，堪称双重美味。

 **准备时间：30分钟**

 **烹饪时间：40分钟**

适合8人食用

- 200克杏仁
- 80克黑巧克力，切碎
- 80克白巧克力，切碎
- 200克软黄油
- 110克白砂糖
- 4个鸡蛋，蛋白蛋黄分开
- 50克糖霜
- 1撮盐
- 50克糖渍橙皮
- 1汤匙橙花水

烤箱预热至180℃。

将黄油和一半白砂糖、少许盐一起打发至奶油状。加入蛋黄搅拌，备用。

在沸水中焯杏仁5分钟，取出后沥干水分。用热水隔碗融化两种巧克力。用料理机打碎杏仁或者用菜刀碾碎，将这两种食材与之前已打发的黄油混合。

将蛋白打发至雪状并逐渐加入剩下的白砂糖和橙花水。把蛋白加入到之前的巧克力杏仁黄油混合物中，再加入糖渍橙皮并搅拌。把蛋糕糊倒入铺好烘焙纸的模具内，放入烤箱中烤40分钟。烤好后放在烤网上冷却，撒上糖霜即可享用。

都灵牛轧糖

历史上，牛轧糖出现在意大利、西班牙和法国时，最初均是由药剂师制作的，因为在中世纪时这些香料和草药只能由药剂师在药店中售卖。到了20世纪初，便由面包师傅来制作了。到了今天，各地的人们在保持软面团的基础上创造出更具创意的做法，如加入水果干、无花果、香草、香料、柚子皮或巧克力。

准备时间：30分钟

冷藏时间：6小时

22*15厘米的模具

- 300克黑巧克力，切碎
- 500克白巧克力，切碎
- 300克榛子，去皮
- 400克面粉掺入榛子巧克力
- 1撮盐
- 1撮胡椒

融化100克黑巧克力，倒入模具内，用刷子在模具底部和边缘抹平，放入冰箱冷冻30分钟。

融化100克黑巧克力，倒入上面的模具内。同样抹平底部和边缘，形成新的一层巧克力，放入冰箱冷冻30分钟。

融化白巧克力。混合面粉、胡椒及热的巧克力，再放入榛子，随后全部倒入之前的模具中，用抹刀把表面抹至光滑平整。将模具盖上烘焙纸，放入冰箱冷冻至少4~5个小时。

从冰箱里取出模具，用刀片沿着模具边缘刮一圈，使牛轧糖与边缘分离。用刀轻翘牛轧糖使它与底部分离，你会听到咔的一声。将模具倒扣在案板上或盘子上，轻拍模具，牛轧糖就会脱模了。这道甜品可在室温下保存1周。

版权贸易合同登记号 图字：01-2019-4403

图书在版编目（C I P）数据

地中海健康饮食 / (意) 依莱诺拉 · 格拉索(Eleonora Galasso) 著；(法) 格雷戈里 · 卡尔特(Gregoire Kalt) 摄影；张紫怡，张梦冬译. —北京：电子工业出版社，2020.6

ISBN 978-7-121-34511-1

Ⅰ. ①地… Ⅱ. ①依… ②格… ③张… ④张… Ⅲ. ①保健－食谱 Ⅳ. ①TS972.161

中国版本图书馆CIP数据核字(2020)第078406号

策划编辑：白　兰

责任编辑：张瑞喜

印　　刷：中国电影出版社印刷厂

装　　订：中国电影出版社印刷厂

出版发行：电子工业出版社

北京市海淀区万寿路173信箱　　邮编：100036

开　　本：710×1000　1/16　印张：13.5　　字数：272千字

版　　次：2020年6月第1版

印　　次：2024年10月第5次印刷

定　　价：78.00元

凡所购买电子工业出版社图书有缺损问题，请向购买书店调换。若书店售缺，请与本社发行部联系，联系及邮购电话：（010）88254888，88258888。

质量投诉请发邮件至zlts@phei.com.cn，盗版侵权举报请发邮件至dbqq@phei.com.cn。

本书咨询联系方式：bailan@phei.com.cn，（010）68250802。

PHEI
天启星
策划编辑：白 兰
责任编辑：张瑞喜
ISBN 978-7-121-34511-1
9 787121 345111 >
定价：78.00元